VOYAGES, CHASSES

3ᵉ SÉRIE IN-12.

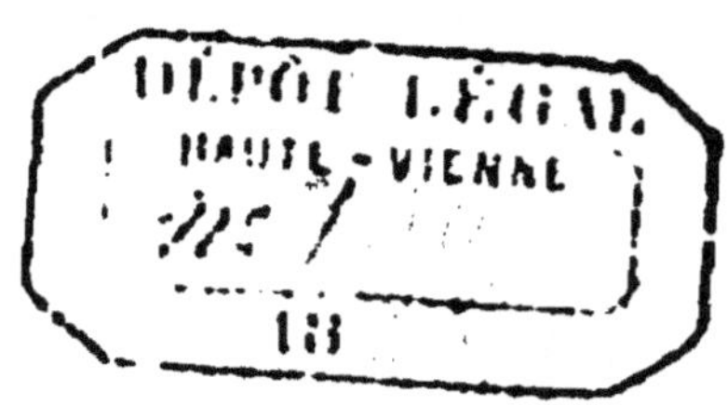

VOYAGES,

CHASSES,

EXCURSIONS EN AFRIQUE

DE LEVAILLANT

ET

MARION-DUFRESNE

PAR A. BARON.

LIMOGES

EUGÈNE ARDANT ET Cⁱᵉ, ÉDITEURS.

VOYAGES

DE

LEVAILLANT.

VOYAGES DANS LE SUD DE L'AFRIQUE.

(1781—1784.)

Le père de François Levaillant, négociant originaire de Metz, avait passé les mers et s'était établi à Surinam, dans la Guiane hollandaise (Amérique méridionale.) Ce fut là le berceau de notre voyageur. La nature fut sa première institutrice, et ses merveilleuses beautés frappèrent ses premiers regards. Toute son attention d'enfant se porta sur les papillons, les oiseaux, les quadrupèdes, etc. C'est dire que, revenu en France en 1763, et son père lui ayant fait voir les oiseaux du Jardin des Plantes, la vocation du jeune Levaillant fut décidée. Sans fortune et sans état, il résolut de se créer des moyens d'existence en se livrant à l'étude de l'histoire naturelle. Le

cap de Bonne-Espérance et la partie méridio-
nale de l'Afrique, contrée si fertile en produc-
tions naturelles, lui semblaient devoir être le
meilleur théâtre de ses explorations et de ses
recherches.

En conséquence, il quitta Paris en 1780, et
mouilla au Cap en mars 1781.

CAP DE BONNE-ESPÉRANCE ET HOTTENTOTIE.

« J'étais impatient de connaître ce pays nou-
veau, où je me voyais transporté comme par
un songe ; tout se présentait à mon regard sous
un aspect imposant, et déjà je mesurais de l'œil
les déserts immenses où j'allais m'enfoncer, nous
dit-il dans sa relation.

» La ville du Cap est située sur le penchant
des montagnes de la Table et du Lion. Elle
forme un amphithéâtre qui s'allonge jusque
sur les bords de la mer ; les rues, quoique lar-
ges, ne sont pas commodes, parce qu'elles sont
mal pavées. Les maisons, presque toutes d'une
bâtisse uniforme, sont belles et spacieuses. On
les couvre de roseaux pour prévenir les acci-
dents que pourraient occasionner les couver-
tures plus lourdes, lorsque les grands vents se
font sentir. L'intérieur de ces maisons n'an-

nonce pas un luxe frivole ; les meubles sont d'un goût simple et beau ; jamais on n'y voit de tapisseries ; quelques peintures et des glaces en font le principal ornement.

» L'entrée de la ville, par la place du château, offre un superbe coup d'œil ; c'est là que sont assemblés en partie les plus beaux édifices. On y découvre d'un côté le jardin de la Compagnie, dans toute sa longueur ; de l'autre, les fontaines, dont les eaux descendent de la Table par une crevasse qu'on aperçoit de la ville et de toute la rade. Ces eaux sont abondantes et parfaites.

» En général, les hommes me parurent bien faits et les femmes gracieuses. J'étais surpris de voir celles-ci se parer avec la recherche la plus minutieuse. »

Il arriva un grand malheur à Levaillant pendant son séjour au Cap. Il avait toute sa fortune sur le vaisseau hollandais qui l'avait amené. Mais l'Angleterre étant alors en guerre avec la Hollande, un soir qu'il revenait de la chasse, il eut la douleur de voir un navire anglais fondre comme un oiseau de proie sur le vaisseau hollandais, et le faire sauter dans une vive canonnade. Il ne restait plus rien à Levaillant, rien de son argent, rien de la collection qu'il avait déjà commencée. Heureusement, il était recommandé à un véritable ami, le fiscal de la colonie, M. Boers. Celui-ci lui fit accepter sa propre fortune, et notre jeune savant put reprendre les préparatifs de son voyage.

« J'avais fait construire deux grands chariots à quatre roues, couverts d'une double toile à voile. Cinq grandes caisses remplissaient exactement le fond de l'une de ces voitures et pouvaient s'ouvrir sans déplacement. Elles étaient surmontées d'un large matelas sur lequel je me proposais de coucher durant la marche; ce matelas se roulait sur la dernière caisse, et c'est là que je plaçais d'ordinaire une caisse à tiroirs, destinée à recevoir des insectes, des papillons, et tous les autres objets un peu fragiles qui demandaient plus de ménagements. C'est le premier chariot qui portait presque en entier mon arsenal; nous l'appelions le *chariot-maître*. Une des cinq grandes caisses était remplie par compartiments de grands flacons carrés qui contenaient chacun cinq à six livres de poudre; ce n'était là que pour les détails et les besoins du moment. Le magasin général était composé de plusieurs petits barils. Pour les préserver du feu et de l'humidité, je les avais fait rouler séparément dans des peaux de mouton fraîchement écorchées. Cette enveloppe, une fois sèche, était absolument impénétrable. De seize fusils, j'en avais douze sur ma voiture. L'un de ces fusils, destiné pour la grande bête, rhinocéros, éléphant, hippopotame, portait une balle d'un quart de livre. Je m'étais muni, outre cela, de plusieurs paires de pistolets à deux coups, d'un grand cimeterre et d'un poignard.

» Le second chariot offrait en caricature le plus plaisant attirail qu'on ait jamais pu voir; mais il ne m'en était pas pour cela moins cher: c'était ma cuisine. Les meubles n'en étaient pas considérables : un gril, une poêle à frire, deux grandes marmites, une chaudière, quelques plats et assiettes de porcelaine, des cafetières, des tables, des théières, des jattes, des bouilloires.

» Outre cela, pour moi personnellement, je m'étais muni de linge de toute espèce, d'une bonne provision de sucre blanc et candi, de café, de thé, et de quelques livres de chocolat. Je devais fournir du tabac et de l'eau-de-vie aux Hottentots qui faisaient ce voyage avec moi : aussi avais-je une forte provision du premier article, et trois tonneaux du second. Je voiturais encore une bonne pacotille de verroteries, de quincailleries et d'autres curiosités, pour faire, suivant l'occasion, des échanges ou des amis. Joignez à tous ces détails de ma caravane, une grande tente, une canonnière, les instruments nécessaires pour raccommoder mes voitures, etc., etc.

» Mon train était composé de trente bœufs : vingt pour les deux voitures, et les dix autres pour relais; de trois chevaux de chasse, de neuf chiens et de cinq Hottentots; j'augmentai considérablement par la suite le nombre de mes animaux et de mes hommes.

» Enfin, lorsque mes équipages furent en ordre, je pris congé de mes amis, et, le 18 décembre 1781, à neuf heures du matin, je partis. escortant moi-même à cheval mon convoi, et dirigeant mes pas vers la Hollande hottentote.

» Quelques jours après notre départ, nous venions de traverser la vallée du Lait-Doux, lorsque nous passâmes près d'une petite horde de Hottentots; ils me parurent si misérables que je leur fis quelques présents; trois d'entre eux, sur ma promesse de les bien payer au re-tour, consentirent à me suivre. Joyeux de ce renfort, je résolus de m'arrêter et d'employer une partie de la journée à faire une tournée dans les environs. Un des nouveaux arrivés me demanda la permission de me suivre. Je lui fis donner un fusil et nous partîmes. Nous eûmes bientôt joint quelques troupes de gazelles; mais elles se tenaient hors de portée. Enfin, après avoir bien couru, mon chasseur, m'arrê-tant tout-à-coup, me dit qu'il aperçoit un bouc bleu couché. Je porte les yeux vers l'endroit qu'il m'indique, et je ne vois rien. Il me prit alors de rester tranquille, m'assurant qu'il me rendra maître de l'animal; aussitôt il prend un détour, se traînant sur ses genoux; je ne le perdais pas de vue, mais je ne comprenais rien à ce manége nouveau pour moi. L'animal se lève et broute tranquillement, sans s'éloigner de la place. Je le pris d'abord pour un cheval blanc; car, de l'endroit où j'étais resté, il me paraissait entièrement de cette couleur : jusque-là je n'avais point encore vu cette espèce de gazelle. Je fus détrompé lorsque je vis les cornes. Mon Hottentot se traînait toujours sur le ventre; il s'approcha de si près et si promptement, que mettre l'animal en joue et le tirer fut l'affaire d'un instant; la gazelle tomba du coup. Je ne fis qu'un saut jusque-là, et j'eus le plaisir de contempler à mon aise la plus rare et la plus belle des gazelles d'Afrique. L'intelligence de mon Hottentot me rendait son service important et précieux; je lui donnai, pour me l'attacher, une forte provision de tabac, et je joignis à ce présents de l'amadou, un briquet et l'un de mes meilleurs couteaux.

» Le jour suivant, nous arrivâmes à Swellendam, où je recrutai quelques Hottentots et fis construire un troisième chariot. J'achetai plusieurs bœufs, des chèvres, une vache pour me procurer du lait, enfin un coq dont je comptais me faireun réveille-matin naturel, et qui ne trompa point mes espérances; cet animal, qui couchait sur ma tente, m'annonçait régulièrement le lever de l'aurore. Il s'apprivoisa bientôt; il ne quittait jamais les environs de mon camp; et si le besoin de nourriture le faisait s'écarter un peu, l'approche de la nuit le ramenait toujours. Quelquefois il était poursuivi par de petits quadrupèdes du genre des fouines ou des belettes; je le voyais moitié courant, moitié volant, battre en retraite de notre côté et crier de toute sa force; alors, l'un de mes gens ou mes chiens même ne manquaient pas d'aller bien vite à son secours.

» Un animal qui m'a rendu des services plus essentiels, dont la présence utile a suspendu, dissipé même dans mon cœur des souvenirs amers et cruels, dont l'instinct touchant et simple semblait prévenir mes efforts et consolait mes ennuis, c'est un singe de l'espèce si connue au Cap sous le nom de *bawian*. Il était très familier et s'attacha particulièrement à moi : j'en fis mon dégustateur. Lorsque nous trouvions quelques fruits ou racines inconnus à mes Hottentots, nous n'y touchions jamais que mon cher *Kees* n'en eût goûté; s'il les rejetait, nous les jugions désagréables ou dangereux, et nous les abandonnions.

» Kees avait une qualité plus précieuse encore. Il était mon meilleur surveillant, soit de jour, soit de nuit : le moindre signe de danger le réveillait à l'instant ; par ses cris et par ses gestes de frayeur, nous étions toujours avertis de l'approche de l'ennemi, avant que mes chiens s'en doutassent. Ils s'étaient tellement habitués à sa voix qu'ils dormaient pleins de confiance et ne faisaient plus la ronde. Mais lorsqu'il leur avait donné l'alerte, ils s'arrêtaient pour épier le signal; au mouvement de ses yeux, au moindre branlement de sa tête, je les voyais s'élancer tous ensemble, et détaler toujours du côté vers lequel il portait la vue.

» Souvent je le menais à la chasse avec moi; chemin faisant, il s'amusait à grimper sur les arbres, pour chercher de la gomme qu'il aimait beaucoup ; quelquefois il me découvrait du miel dans des enfoncements de rocher ou dans des arbres creux. Mais s'il ne trouvait rien, et que la faim le pressât sérieusement, alors commençait pour moi une scène extrêmement comique; au défaut de gomme et de miel, il cherchait des racines et les mangeait avec délices, surtout une espèce particulière que les Hottentots nomment *kameroo*, et que, malheureusement pour lui, j'avais trouvée exquise et très rafraîchissante. Kées était très rusé : lorsqu'il avait trouvé cette racine, si je n'étais

pas à portée d'en prendre ma part, il se hâtait
de la gruger, les yeux impitoyablement fixés
sur moi. Il mesurait le temps qu'il avait pour
la manger à lui seul, sur la distance que j'a-
vais à franchir pour le rejoindre, et j'arrivais
en effet trop tard. Pour arracher ces racines,
il s'y prenait d'une façon fort ingénieuse : il
saisissait la touffe des feuilles entre les dents,
puis, se raidissant sur les mains, il portait la
tête en arrière; la racine suivait ordinairement;
quand ce moyen, où il employait une grande
force, ne pouvait réussir, il reprenait la touffe
comme auparavant, et le plus près de terre
qu'il lui était possible; alors, il faisait une ca-
briole, et la racine cédait.

» Dans nos marches, lorsqu'il se trouvait
fatigué, Keès montait sur un de mes chiens, qui
avait la complaisance de le porter des heures
entières. Un seul, plus gros et plus fort que
tous les autres, aurait dû se prêter à son petit
manége, mais le drôle savait à merveille esqui-
ver la corvée. Au moment qu'il sentait Keès
sur ses épaules, il restait immobile, laissait dé-
filer la caravane sans bouger de place : le crain-
tif Keès s'obstinait de son côté; mais aussitôt
qu'il commençait à nous perdre de vue, il fal-
lait bien se résoudre à mettre pied à terre;
alors le singe et le chien couraient à toutes
jambes pour nous rattraper.

» Kees était sujet au larcin : il savait parfai
tement dénouer les cordons d'un panier, nous
y prendre les provisions, et surtout le lait, qu'il
aimait beaucoup. Les corrections que lui admi-
nistrèrent mes Hottentots ne le changèrent ja-
mais. Je l'étrillais aussi moi-même. Il se sauvait
et ne reparaissait à la tente qu'à l'entrée de la
nuit.

» Le 12 janvier 1782, je quittai Swellendam,
et le lendemain, après avoir passé Ritt-Valey,
petit poste de la Compagnie, j'arrivai à un bois
appelé le Bois du Grand-Père. Je m'arrangeai
pour passer vingt-quatre heures dans ce bois, que
je voulais parcourir. Comme je faisais le dénom-
brement de mes chiens, je m'aperçus qu'il m'en
manquait un ; c'était précisément une petite
chienne de prédilection que je nommais Ro-
selle. Son absence m'inquiéta ; c'était pour moi
une perte réelle qui diminuait ma meute et me
privait de ma favorite. Je m'informai de mes
gens si quelqu'un l'avait remarquée en route.
Un seul m'attesta lui avoir donné à manger,
mais dès le matin. Après une ou deux heures
de vaines recherches, j'éparpillai mon monde
de tous côtés ; je fis tirer des coups de fusil
pour la remettre en voie, s'ils arrivaient jusqu'à
elle ; tout cela ne réussissant pas, je pris le
parti de faire monter à cheval un de mes Hot-
tentots, et je lui donnai ordre de reprendre le

chemin que nous venions de faire, et de la ramener à quelque prix que ce fût. Quatre heures s'étaient écoulées, quand je vis arriver mon commissionnaire à toute bride. Il portait devant lui, sur l'arçon de sa selle, une chaise et un grand panier. Rosette courait en avant; elle sauta sur moi et m'accabla de caresses. Mon homme me dit qu'il l'avait trouvée à deux lieues environ de notre halte, assise sur la route à côté de la chaise et du panier, qui s'étaient détachés de l'équipage sans qu'on s'en fût aperçu. J'avais entendu conter, sur la fidélité des chiens, des traits non moins extraordinaires que celui-ci; mais je n'en avais pas été témoin. J'avoue que le récit de mon Hottentot me toucha jusqu'aux larmes; je caressai de nouveau cette pauvre bête, et cette marque d'attachement qu'elle venait de me donner me la rendit encore plus chère.

» Voici quel fut, pendant le cours de mon voyage, l'ordre ordinaire de mes occupations : la nuit, lorsque nous ne marchions pas, je couchais dans ma tente ou sur mon chariot; au point du jour, éveillé par mon coq, je me mettais tout de suite en devoir d'apprêter moi-même mon café au lait, tandis que mes gens, de leur côté, s'occupaient à nettoyer et à panser mes bêtes. Au premier rayon du soleil, je prenais mon fusil, nous partions, Kees et moi:

nous furetions à la ronde jusqu'à dix heures. De retour à ma tente, je la trouvais toujours propre et bien balayée. Elle était particulièrement à la garde d'un vieil Africain, nommé *Swanapoël*, qui, ne pouvant nous suivre dans nos courses à pied, restait au camp pour le garder et y entretenir le bon ordre. Les meubles de ma tente n'étaient pas nombreux : une ou deux chaises pliantes, une table qui servait uniquement à la dissection de mes animaux, et quelques ustensiles nécessaires à leur préparation, en faisaient tout l'ornement. Je m'y mettais à l'ouvrage depuis dix heures jusqu'à midi, et je classais dans mes tiroirs les insectes que j'avais rapportés. Rien de plus simple que la cérémonie de mon dîner. Je plaçais sur mes genoux un bout de planche couvert d'une serviette. On m'y servait un seul plat de viande rôtie ou grillée. Après ce frugal repas, je retournais au travail, si j'avais à finir quelque ouvrage commencé, puis à la chasse jusqu'au soleil couchant. De retour au gîte, j'allumais une chandelle, et je passais quelques heures à consigner dans mon journal les observations, les acquisitions, en un mot, les événements de la journée. Pendant ce temps, mes Hottentots rassemblaient mes bœufs autour des chariots et de ma tente. Les chèvres, après qu'on les avait traites, se couchaient çà et là pêle-mêle avec mes chiens. Le service achevé et le grand feu allumé à l'ordinaire, nous nous placions en cercle; je prenais mon thé; mes gens fumaient cordialement leurs pipes et me contaient des histoires dont le naïf ridicule me faisait rire aux éclats. Nos conversations nous conduisaient quelquefois fort avant dans la nuit.

» Je me vois encore au milieu de mon camp, entouré de mon monde et de mes animaux ; un site agréable, une montagne, un arbre, et même une plante, une fleur, un éclat de rocher, çà et là placés, rien n'échappe à ma mémoire, et ce souvenir m'amuse, me touche, me distrait souvent de ce que m'ont fait éprouver dans leur société les hommes qui se disent civilisés.

» Cependant je traversais le pays d'Auteniquois, et j'avais franchi le dernier poste de la Compagnie. A mesure que j'avançais dans les terres, tout prenait à mes regards une teinte nouvelle : les campagnes étaient plus magnifiques, le sol me semblait plus fécond et plus riche, la nature plus majestueuse et plus fière; la hauteur des monts offrait de toutes parts des sites et des points de vue charmants. Ce contraste avec les terres arides et brûlées du Cap me faisait croire que j'en étais à plus de dix mille lieues.

» A l'entrée d'un banc contre lequel j'avais appuyé mon camp, j'aperçus un jour des tou-

racos; je marchai longtemps à leur poursuite,
mais vainement; perchés à l'extrémité des
plus hautes branches, ils ne se trouvaient ja-
mais à la portée de mon fusil. Cependant je dé-
sirais vivement cette espèce d'oiseau, que je
ne connaissais point et que je n'avais encore
pu me procurer. Je me mis à en poursuivre un
avec acharnement : sautillant de branche en
branche, et s'éloignant fort peu, il se moqua
de moi pendant plus d'une heure et me con-
duisit fort loin. Impatienté de son manège, et
ne pouvant réussir à l'approcher, je lui lâchai
mon coup hors de portée, j'eus la satisfaction
de le voir tomber. Ma joie fut inexprimable,
mais le plus fort n'était pas fait; il me fallait
emporter ma proie. 'avais bien remarqué l'en-
droit de sa chute; je courus à travers les brous-
sailles et les épines pour le ramasser. Mes jam-
bes et mes mains étaient déchirés et tout en
sang. Arrivé sur la place, je ne vis rien. J'eus
beau fureter tour à tour les environs, aller,
revenir, battre vingt fois les mêmes endroits,
examiner scrupuleusement les moindres trous,
les plus petits enfoncements, mes peines furent
inutiles; je ne trouvais point mon touraco.
Toutes mes recherches, toutes mes réflexions
me conduisirent à penser que je n'avais fait
peut-être que lui casser une aile, ce qui ne l'a-
vait pas empêché de s'éloigner de l'endroit de

sa chute. Je m'éloignai donc aussi, et je me
mis à rôder de nouveau dans tous les environs,
pendant plus d'une demi-heure. Point de tou-
raco. J'étais au désespoir, et les broussailles
épaisses et les buissons d'épines qui m'ensan-
glantaient jusqu'au visage, m'avaient réellemen
agité de transports difficiles à décrire. Un ché
tif oisif, qu'après tant de peines et de désirs je
venais d'abattre, échapper et disparaitre ainsi
à mes yeux ! Tout-à-coup la terre s'enfonce; je
disparais moi-même et tombe avec mes armes
dans une fosse de douze pieds de profondeur.
L'étonnement et la douleur de la chute prirent
la place de mes emportements. Je me vis au
fond d'un de ces piéges recouverts que les Hot-
tentots tendent aux bêtes féroces, et particuliè-
rement aux éléphants. Revenu à moi, je songeai
aux moyens de me tirer d'embarras, trop heu-
reux de ne m'être pas empalé sur le pieu très
aigu qu'ils plantent au fond du même trou, plus
heureux encore de n'y avoir point trouvé de
compagnie. Mais il pouvait à tous moments en
arriver; l'approche de la nuit commençait à
m'inspirer beaucoup de terreur, en contrariant
et en retardant la seule ressource que j'imagi-
nais pour me sauver du puits fatal, sans secours
étrangers : c'était de faire ébouler la terre à
l'un des côtés avec mon sabre et mes mains, et
d'y pratiquer des espèces de degrés; mais cette

opération pouvait traîner en longueur. Dans la cruelle perplexité où j'étais, je pris le parti le plus sage, qui était de ramasser et de charger mon fusil. Je tirai coup sur coup; il était possible que je fusse entendu de mon camp. Je prêtais de temps en temps l'oreille avec une impatience et des palpitations mortelles; j'entendis enfin deux coups qui me causèrent la joie la plus vive. Alors je continuai mon feu par intervalle, pour attirer à moi ceux qui m'avaient répondu; ils arrivèrent trois armés jusqu'aux dents, et pleins d'inquiétude et de trouble. Ils m'avaient cru poursuivi par quelque bête féroce; ils me virent au contraire dans la plus piteuse situation, et pris sottement comme un renard. L'alarme fut bientôt dissipée. On coupa sur-le-champ une longue perche qu'on me descendit, et au moyen de laquelle je me hissai comme je pus, et regagnai le bord. Cet accident, dont le ciel ne m'eût pas sauvé comme Daniel, ne me fit pas oublier mon touraco. Avec mes chiens, qui avaient suivi la bande, je comptais bien le déterrer en quelque lieu qu'il se fût caché; je les conduisis sur la voie, ils le trouvèrent blotti sous une touffe de broussailles; je mis la main dessus, et le plaisir de posséder enfin ce charmant animal, me fit bientôt oublier ce qu'il m'avait coûté d'embarras et de dangers.

» Agréable autant par la forme que par ses couleurs et par ses accents bien prononcés, lo touraco réunit la souplesse à l'élégance. Toutes ses attitudes sont pleines de grâce. Sa couleur est d'un beau vert-pré; une belle huppe de la même couleur, bordée de blanc, orne sa tête; ses yeux, d'un rouge vif, sont couronnés par un sourcil d'une blancheur éclatante; les plumes de ses ailes sont du plus beau pourpre changeant en violet, suivant les attitudes qu'il prend, ou le point du jour sous lequel on l'admire. »

Ce n'est pas un voyage de découvertes que fait Levaillant, mais tout simplement une expédition qui a pour but d'étudier et d'enlever à la partie méridionale de l'Afrique, au profit des savants et des musées de France, les animaux et curiosités de toutes sortes qu'il pourra rencontrer sur son chemin. Aussi marche-t-il, non pas à l'aventure, mais un peu partout où il juge devoir trouver de ces magnifiques produits que la nature se plaît à placer quelquefois dans les lieux les plus cachés. Nous ne le suivrons donc pas dans tous les écarts qu'il pourra faire dans les plaines ou les montagnes de la Hottentotie, de la Cafrerie, etc.; mais nous le citerons toutes les fois qu'il y aura lieu d'instruire, d'intéresser et d'amuser le lecteur.

Voici d'abord le récit d'une chasse à l'élé-

phant, mais précédée d'une aventure assez
plaisante dont une gazelle est l'héroïne :

« Dans la même matinée, comme j'étais tran-
quillement assis sur une chaise, à l'ouverture
de ma tente, ayant devant moi une table sur
laquelle je disséquais l'aigle que j'avais tué la
veille, tout-à-coup une gazelle, de l'espèce ap-
pelée *bosch-bock*, traverse mon camp, passe
comme un éclair entre mes voitures, sans que
mes chiens, qui l'avaient entendue les premiers,
et qui se présentent au-devant d'elle, puissent lui
faire rebrousser chemin ; elle va donner dans
un filet étendu pour sécher à la lisière de mon
camp, le déchire, en emporte quelques lam-
beaux, et suivie de toute ma meute, se jette à
corps perdu dans la rivière — la Neissena,
voisine de la mer. — Au même instant, je vois
arriver neuf chiens sauvages qui lui avaient
probablement donné la chasse et qui la sui-
vaient à la piste. A la vue de mon camp, ces
animaux s'arrêtent court, et faisant un crochet,
gagnent une petite colline contre laquelle j'é-
tais adossé. Ils pouvaient de là, mieux encore
que moi, observer le spectacle de leur proie ar-
rêtée par mes chiens et poursuivie par mes
Hottentots, qui faisaient tout ce qu'ils pouvaient
pour s'en emparer et me l'amener vivante. Ils
y réussirent effectivement après lui avoir mis
des jarretières. Rien n'était plus plaisant que

l'air capot de ces chiens sauvages, qui, toujours spectateurs de cette scène appétissante, n'avaient point quitté la colline, et, dolemment assis, montraient assez par leurs mouvements d'impatience toute notre injustice et tous leurs droits sur le repas dont nous les privions. J'aurais bien voulu en attraper un; quelques-uns de mes gens se glissèrent de côté et d'autre pour les joindre; mais, plus fins que nous, ils se doutèrent de leurs manœuvres et gagnèrent le large...

» Je campais depuis longtemps déjà entre deux rivières, le Wilte-Dreft et le Queur-Boom, non loin de la baie de l'Agoa. J'avais tué des buffles et augmenté ma collection de plusieurs beaux oiseaux. Mais les succès que j'obtenais ne parvenaient point à me distraire du vif désir conçu depuis longtemps, et que je n'avais pu trouver encore l'occasion de satisfaire : celui de chasser l'éléphant. Je désespérais d'avoir jamais ce bonheur, lorsque, dans une course au bois du Poost, je vis, sous mes pas, les traces d'une troupe d'éléphants qui devaient avoir passé le jour même.

» Dans le nombre de mes Hottentots, j'en avais un qui, dans sa jeunesse, avait voyagé jusque-là, avec sa horde et sa famille; il avait encore une connaissance superficielle du pays. Je le choisis avec quatre autres bons tireurs,

et, munis de quelques provisions, nous suivî-
mes les traces, que nous ne perdions pas un
seul instant de vue. Elles nous conduisirent à la
nuit sans que nous eussions découvert rien autre
chose. Nous soupâmes gaîment, et, après avoir
fait un grand feu, nous nous couchâmes autour.
Quoique chacun de nous eût affecté d'inspirer
à ses compagnons des sentiments de patience
et de courage, un mouvement d'inquiétude et
de crainte nous tourmentait également, et per-
sonne ne jouit d'un sommeil paisible. Au moin-
dre souffle, au plus léger bruissement d'une
feuille, nous étions aux écoutes et bientôt sur
nos gardes. La nuit s'écoula dans ces petites
agitations : dès la pointe du jour, j'excitai les
dormeurs avec mes cris ; leur toilette ne fut
pas longue. Nous reprîmes bientôt la trace.
Cette seconde journée s'écoula tristement et ne
fut pas plus heureuse que la première. Enfin,
le troisième jour, n'ayant pas un seul moment
perdu de vue les traces de nos animaux, nous
parvînmes, après quelques heures de fatigues
et de marches pénibles au milieu des ronces,
à un endroit du bois fort découvert. Nous nous
arrêtons. Un de mes Hottentots, qui était monté
sur un arbre pour observer, après avoir jeté
les yeux de tous côtés, nous fait signe, en met-
tant un doigt sur la bouche, de rester tranquil-
les ; il nous indique, avec les mains qu'il ouvre

et ferme plusieurs fois, le nombre d'éléphants qu'il aperçoit. Il descend; on tient conseil, et nous prenons le dessous du vent, pour approcher sans être découverts. Il me conduisit si près à travers les broussailles, qu'il me mit en présence d'un de ces énormes animaux. Nous nous touchions, pour ainsi dire, je ne l'apercevais pas! non que la peur eût fasciné mes yeux; il fallait bien ici payer de sa personne et se préparer au danger. J'étais sur un petit tertre, au-dessus de l'éléphant même. Mon brave Hottentot avait beau me le montrer du doigt, et me répéter vingt fois d'un ton impatient et pressé : « Le voilà!... mais le voilà!... » je ne le voyais toujours point; je portais la vue beaucoup plus loin, ne pouvant pas imaginer que ce que j'avais à vingt pas au-dessous de moi pût être autre chose qu'une portion de rocher, puisque cette masse était entièrement immobile. A la fin pourtant, un léger mouvement frappe mes regards. La tête et les défenses de l'animal, qu'effaçait son énorme corps, se tournèrent avec inquiétude vers moi. Sans perdre ni mon temps, ni mon avantage en belles contemplations, je pose vite mon gros fusil sur son pivot, et lui lâche mon coup au milieu du front. Il tombe mort.

» Le bruit en fit détaler sur le champ une trentaine qui s'enfuirent à toutes jambes. Je

prennais plaisir à les examiner, lorsqu'il en
passa un à côté de nous, qui reçut un coup
de fusil d'un de mes gens. Aux excréments
teints de sang qu'il répandit, je jugeai qu'il
était dangereusement blessé; nous commen-
çâmes à le poursuivre. Il se couchait, se re-
dressait, retombait; mais toujours à ses trous-
ses, nous le faisions relever à coups de fusil.
L'animal nous avait conduits dans de hautes
broussailles parsemées çà et là de troncs d'ar-
bres morts et renversés; au quatorzième coup,
il revint furieux contre le Hottentot qui l'avait
levé; un autre l'ajusta d'un quinzième qui ne
fit qu'augmenter sa rage; j'étais à vingt-cinq
pas; je portais mon fusil qui pesait trente li-
vres, outre mes munitions. Je ne pouvais être
aussi dispos que mes gens qui, ne s'étant
pas laissé emporter aussi loin, avaient d'au-
tant plus d'avancé pour échapper à sa trompe
vengeresse et se tirer d'affaire. Je fuyais; mais
l'éléphant gagnait à chaque instant sur moi;
plus mort que vif, abandonné des miens, dont
un seul accourait en ce moment pour me dé-
fendre, il ne me reste que le parti de me cou-
cher et de me blottir contre un gros tronc d'ar-
bre renversé; j'y étais à peine que l'animal ar-
rive, franchit l'obstacle, et, tout effrayé lui-
même du bruit de mes gens qu'il entend de-
vant lui, s'arrête pour écouter; de la place où

je m'étais caché, j'aurais bien pu le tirer; mon fusil heureusement se trouvait chargé; mais la bête avait reçu inutilement tant d'atteintes, elle se présentait à moi si défavorablement, que, désespérant de l'abattre d'un seul coup, je restai immobile, en attendant mon sort.

» De mes cinq compagnons, il n'y avait, comme je viens de le dire, qu'un seul qui ne m'eût pas abandonné; c'était un Hottentot, nommé Klaas, qu'un de mes amis, avant mon départ du Cap, m'avait donné comme un homme sur la bravoure et la fidélité duquel je pouvais compter. Klaas, m'ayant vu tout-à-coup disparaître, accourait à mon secours et me cherchait vainement. Je l'entendais, à travers les broussailles, m'appeler d'une voix étouffée, puis s'adresser à ses camarades qui le suivaient d'un peu loin, humiliés, confondus, et leur reprocher leur lâcheté au milieu du péril.

» — Que deviendrez-vous, leur disait-il dans son langage expressif et touchant, que deviendrons-nous, si nous avons le malheur de trouver notre infortuné maître sous le pied de l'éléphant? Oserez-vous j mais retourner au Cap sans lui? quelle que soit votre excuse vous passerez pour ses vils assassins.....

» Et il accompagnait ce discours de gémisse mens et de sanglots si touchants, que, dans le moment le plus critique, je sentis mes yeux se mouiller, et l'attendrissement succéder aux glaces de l'effroi.

» Cependant j'observais toujours l'éléphant, résolu à lui vendre chèrement ma vie si je la voyais revenir à moi. Mes gens, ralliés par Klaas, m'appelaient de tous côtés; je me gardais bien de répondre. Convaincus, par mon silence, qu'ils ont perdu leur chef, ils redoublent de cris, et reviennent en désespérés. L'éléphant effrayé rebrousse aussitôt, et saute une seconde fois le tronc d'arbre, à six pas au-dessous de moi, sans m'avoir aperçu. Alors, me remettant sur pied, échauffé d'impatience, et voulant donner à mes Hottentots quelque signe de vie, je lui envoie un coup de fusil dans la culotte. Il disparaît entièrement à mes regards, laissant partout sur son passage des traces certaines du cruel état où nous l'avons mis.

» Mon coup de fusil fut un signal de joie; je me vis à l'instant même entouré des miens et pressé dans les bras de mon cher Klaas avec des étreintes si vives qu'il ne pouvait se détacher de mon corps. Depuis ce jour heureux de ma vie, où j'ai connu la douceur d'être aimé purement et sans aucun mélange d'intérêt, le bon Klaas fut déclaré mon égal, mon frère, le confident de mes plaisirs, de mes disgrâces, de mes pensées; il a plus d'une fois calmé mes ennuis et ranimé mon courage abattu.

» Après avoir employé près d'une journée à dépecer l'éléphant que j'avais tué, nous essayâmes de retrouver la piste de celui qui m'avait laissé la vie, et que nous avions si cruellement maltraité; mais il en était venu tant d'autres pendant la nuit, que les traces se trouvèrent confondues. Nous étions d'ailleurs si fatigués, je craignais tant de rebuter ces pauvres gens, que nous reprîmes au plus vite le chemin de notre camp.

» A notre retour, mon vieux Swanapoël me dit que, pendant mon absence, il avait été toutes les nuits inquiété par des troupes d'éléphants qui s'étaient si fort approchés, qu'on les entendait casser les branches et brouter les feuilles; je fis un tour dans la forêt, et je vis effectivement quantité de jeunes arbres cassés, de branches dégarnies et de jeunes pousses dévorées. C'en était assez pour me remettre en campagne. Mes gens avaient eu tout le temps de se reposer; j'aimais mieux aller surprendre de jour ces animaux, que de les attendre chez moi pendant la nuit. Dès le matin, je me mis sur la piste; je ne fus pas obligé de courir bien loin; car, du haut d'une colline, à la lisière du bois, j'en aperçus quatre dans de fortes broussailles; je fis en sorte de n'en être point éventé; et, m'approchant avec précaution, je me donnai le plaisir de les considérer à mon aise, pendant plus d'une demi-heure; ils étaient occupés à manger les extrémités des buissons. Avant de les prendre, ils les frappaient de trois ou quatre coups de trompe; c'était, je crois, pour en faire tomber les fourmis ou d'autres insectes. Après ce préliminaire, ils formaient, toujours avec la trompe, un faisceau de toutes les branches qu'elle pouvait entourer, et, le portant à la bouche, toujours de gauche à droite, sans le broyer beaucoup, ils l'avalaient. Lorsque j'eus examiné suffisamment leur manége, je tirai à la tête de celui qui se trouvait le plus près de moi, et, en moins de dix minutes, je mis de même les trois autres à terre. Il n'y avait, parmi ces quatre animaux, qu'un jeune mâle de sept pieds de hauteur; ses défenses ne pesaient pas plus de quinze livres chacune. Je trouvai leur estomac rempli d'une eau très simple; mes gens en burent; j'en voulus goûter aussi, mais elle me donna des nausées si désagréables, qu'autant pour en faire passer le goût que pour me rafraîchir, je m'en allai boire à une fontaine éloignée d'un quart de lieue de l'endroit où nous étions.

» J'avais laissé mes gens occupés à dépecer nos éléphants; revenu de la fontaine, au bout d'une demi-heure, je trouvais bien extraordinaire de n'en plus apercevoir un seul. Que pouvait-il être arrivé qui les eût forcés d'abandonner l'ouvrage? Je ne pouvais concevoir la cause de cette désertion subite. Je me mis à crier de toutes mes forces, pour les rappeler, s'ils pouvaient m'entendre ; je fus bien étonné lorsque, à ma voix, je les vis sortir tous quatre du corps des éléphants, dans lesquels ils s'étaient introduits, pour en détacher les filets intérieurs qui, après les pieds et la trompe, sont les morceaux les plus délicats. »

F. Levaillant raconte ensuite qu'à son retour au camp il ne fut pas médiocrement étonné de voir, à cheval, un Hottentot inconnu. C'était un exprès envoyé du Cap, par son ami, M. Boers, qui arrivait avec des lettres de France. L'empreinte des roues des chars l'avait conduit de campement en campement jusqu'à celui où se trouvait alors notre voyageur. Levaillant cite parmi ses jours de bonheur celui où les lettres de sa famille et de ses plus chers amis venaient ainsi le trouver jusque dans les profondeurs du désert pour inonder son cœur des joies les plus pures. Il dit aussi que, ce soir-là, tout son monde fut amplement régalé d'eau-de-vie et de tabac, et comme quoi, pour arracher les Hottentots à leur passion pour la pipe, il les fit danser au son d'une *guimbarde* qu'il possédait parmi ses bagages.

Enfin cette journée de fête fut close par une rasade générale du meilleur brandevin français. Aussi, à cette occasion, notre voyageur s'exprime ainsi :

« Ce fut un vrai jour de carnaval, et, jusqu'aux bêtes domestiques, tout devait se ressentir de la folie commune. Kees était dans ce moment à côté de moi. Il aimait cette place; le soir surtout il ne manquait pas de s'y rendre. Elevé comme un enfant de famille, je l'avais passablement gâté. Je ne buvais, je ne mangeais rien que je ne partageasse toujours avec lui. S'il m'arrivait quelquefois de l'oublier, ennemi juré de mes distributions, il avait grand soin de m'arracher à mes rêveries par quelques coups de sa main ou par le bruit de ses lèvres. J'ai dit que la gourmandise le poignait avec force; son tempérament le portait aux extrêmes; il aimait également le lait et l'eau-de-vie. Jamais je ne lui faisais donner de cette liqueur que sur une assiette qu'on plaçait ordinairement devant lui; j'avais remarqué que toutes les fois qu'il en avait bu dans un verre, sa précipitation lui en faisant prendre autant par le nez que par la bouche, il en avait pour des heures entières à tousser et à éternuer; ce qui l'incommodait fort, et pouvait à la longue lui rompre quelque vaisseau.

» Il était donc à mon côté, son assiette à

terre devant lui, attendant qu'on lui servît sa portion, et suivant des yeux la bouteille qui faisait la ronde et s'arrêtait à chacun de mes Hottentots. Avec quelle impatience il attendait son tour! Comme ses mouvements et ses regards semblaient dire qu'il craignait que la cruelle bouteille ne se vidât trop tôt, et n'arrivât point jusqu'à lui! Mais, hélas! l'infortuné qui se léchait les lèvres d'avance, ne savait pas qu'il allait en goûter pour la dernière fois!... Rassure-toi, lecteur sensible; le bon Kees ne périt point, et mon eau-de-vie, à l'avenir, fut épargnée. J'avais fini mes dépêches, et je mettais mes dernières enveloppes, au moment où je voyais avec satisfaction la bouteille achever la ronde; il me vint dans l'idée de tromper son attente par une espièglerie, sans autre motif que de lui causer une surprise et de m'amuser. On venait de lui verser sa portion dans son assiette; pendant qu'il se met en posture, j'allume à ma chandelle une déchirure de papier que je lui glisse subitement sous le ventre; l'eau-de-vie s'enflamme, Kees pousse un cri aigu et saute à dix pas de moi, jurant et grimaçant de toutes ses forces. J'eus beau le rappeler et lui promettre mille caresses, ne prenant conseil que de son dépit et de sa colère, il disparut et alla se coucher. La nuit étant avancée, je reçus les adieux et les remercîments de tout mon monde, et chacun s'endormit.

» A dater de cette peur terrible de mon Kees,
j'ai vainement employé tous les moyens de lui
faire oublier ce qui s'était passé, et de le rame-
ner à sa liqueur favorite; jamais il n'en a voulu
boire; il l'avait au contraire prise en aversion.
Si quelqu'un de mes gens, pour lui faire une
niche, lui montrait seulement la bouteille, il
marmottait entre ses dents, jurant après lui.
Quelquefois, lorsqu'il était à sa portée, il lui
appliquait un soufflet, gagnait un arbre, et de
là narguait en sûreté le mauvais plaisant. »

PAYS DES GONAQUOIS.

« En quittant le beau pays d'Auteniquois,
j'entrai dans l'Ange-Kloof, interminable vallée
resserrée entre des montagnes arides et pelées,
qui me conduisit enfin dans le pays des Gona-
quois. J'employais toutes mes haltes à chasser,
tantôt des oiseaux, entre autres un coucou
criard, le coucou vert-doré de Buffon, et une
espèce encore inconnue de coucou indicateur,
dont j'enrichis ma collection; tantôt la gazelle,
le lion, l'hyène et même l'hippopotame. Sou-
vent il m'arrivait de passer une partie de la nuit
à faire le coup de fusil, pour écarter de notre

camp la troupe vorace des hyènes, jusqu'à ce que, épuisé de fatigue, il me devenait impossible de résister au sommeil.

» Ce fut à la suite d'une de ces nuits que, m'éveillant plus tard dans la matinée, je me vis avec surprise entouré, au milieu de mon camp, d'une vingtaine de sauvages gonaquois.

» Le chef s'approcha pour me faire son compliment; les femmes, dans toute leur parure, marchaient derrière lui; elles étaient luisantes et fraîchement *boughouécs*, c'est-à-dire qu'après s'être frottées avec de la graisse elles s'étaient saupoudrées d'une poussière rouge, qu'elles font avec une racine et qui porte une odeur assez agréable. Elles avaient toutes le visage peint de différentes manières. Chacune d'elles me fit un petit présent. L'une me donna des œufs d'autruches, une autre un jeune agneau; d'autres m'offrirent une abandante provision de lait dans des paniers qui me paraissaient être d'osier. Ces paniers se fabriquent avec des roseaux si déliés, et sont d'une texture si serrée, qu'ils peuvent servir même à porter des liquides. Le chef des Gonoquois m'apprit qu'ils étaient l'ouvrage des Cafres, avec lesquels il les échangent contre d'autres objets. Ce chef se nommait *Haabas;* il me fit présent d'une poignée de plumes d'autruche du choix le plus rare. Pour lui montrer le cas que je faisais de

ton présent, je détachai sur-le-champ le pana-
che de la même espèce que je portais à mon
chapeau, et je mis le sien à la place; le bon
vieillard me témoigna par ses gestes et par ses
paroles combien il était enchanté de mon ac-
tion. Mon tour vint de lui prouver ma recon-
naissance; je commençai par lui faire donner
quelques livres de tabac. D'un seul signe,
Haabas fit approcher tout son monde; dans un
clin d'œil, ils formèrent un cercle, et s'accrou-
pirent comme des singes; tout le tabac fut dis-
tribué, et je remarquai avec beaucoup de plai-
sir que la portion que s'était réservée Haabas
égalait tout au plus celle des autres. Au pré-
sent que je venais de lui faire, j'ajoutai pour
lui personnellement un couteau, un briquet,
une boîte d'amadou et un collier de très gros
grains de verroterie. Je donnai aux femmes des
colliers et du fil de cuivre pour faire des bra-
celets. Au milieu de ces offrandes réciproques
et des sentiments affectueux qu'elles nous ins-
piraient mutuellement, je remarquai une jeune
fille de seize ans; confondue dans la foule, elle
montrait moins d'empressement à partager les
joyaux que je distribuais à ses compagnes, que
de curiosité pour ma personne : elle m'exami-
nait avec une attention si marquée, que je m'ap-
prochai d'elle pour lui donner tout le temps
de me considérer à son aise; je lui trouvai la

figure la plus charmante. Ma jeune sauvage s'accoutuma bientôt à moi. Je venais de lui donner une ceinture, des bracelets, un collier de petits grains blancs qui la paraient à ravir; je détachai de mon cou un mouchoir rouge dont elle s'enveloppa la tête; dans cet accoutrement elle rayonnait de plaisir. Quand sa toilette fut achevée, elle me demanda quelques bijoux pour sa sœur, qui était restée à la horde; elle me montra du doigt sa mère, et m'apprit qu'elle n'avait plus de père. Elle était sans cesse occupée à ses atours, nouveaux pour elle; elle touchait ses bras, ses pieds, son collier, sa ceinture, passait vingt fois sa main sur sa tête pour y toucher et reconnaître son mouchoir, qui lui plaisait beaucoup. J'ouvris mon nécessaire et j'en tirai le miroir, que je lui mis devant elle; elle s'y regarda très attentivement et même avec complaisance. Lors de sa toilette du matin et du départ de la horde pour venir me voir, elle s'était frottée les joues avec de la graisse et de la suie; je les lui fis laver et bien essuyer, mais je ne pus jamais lui persuader que le secours de son art nuisait à la nature, qui l'avait créée jolie. Elle me pria de lui laisser mon miroir, et je dus céder à ses instances. Comme je trouvais son nom difficile à prononcer, je la débaptisai et la nommai *Narina,* qui signifie *fleur* en langage hottentot : je la priai de conserver ce nom, et elle me promit de le porter tant qu'elle vivrait.

» J'avais fait tuer un mouton et cuire une bonne quantité d'hippopotame pour traiter nos hôtes; ils se livrèrent à tous les accès de la gaîté. La journée se passa en fêtes; mes gens distribuèrent leur ration d'eau-de-vie, dont Narina ne voulut point boire, par dégoût de cette liqueur. Le soir, lorsque les feux furent allumés, je régalai mon monde avec du thé et du café.

» Le lendemain j'allai visiter le camp de mes Gonaquois; je n'y trouvai que les hommes, toutes les femmes avaient disparu; on m'apprit qu'elles venaient de partir pour aller se baigner. A leur retour, mes bons Gonaquois me firent leurs adieux et partirent après avoir tiré de moi la promesse que j'irais visiter leur horde, dont je n'étais éloigné que de deux lieues.

» Mais je ne voulus pas me rendre chez ces braves gens comme un chasseur harassé, que la fatigue et la faim ont contraint de s'arrêter au premier gîte; j'avais formé le dessein de m'y présenter sous un aspect imposant et tout à la fois honorable pour ce peuple et pour moi. Dès le matin, je fis une toilette entière; j'arrangeai mes cheveux, après leur avoir donné une tournure distinguée, je les surchargeai de poudre, comme j'aurais fait pour me rendre dans un cercle d'élégants. Parmi mes vestes de chasse, j'en avais une d'un brun obscur, garnie de boutons d'acier taillés à facettes; j'en fis mon habit de cérémonie. Les rayons du soleil, tombant sur ces boutons dans tous les sens, devaient, par leur réfraction, jeter un éclat bien propre à me faire admirer par tous ces sauvages; je mis un gilet blanc sous cette veste. A défaut de bottes je me servis d'un pantalon de nankin; je chaussai une paire de souliers à l'européenne et n'oubliai point mes grandes boucles d'argent, par hasard fort brillantes. Je désirais ardemment un chapeau bordé d'or, il fallut s'en passer. Mon pantalon rendant inutiles les boucles de cailloux du Rhin, j'en fis une agrafe avec laquelle j'attachai sur mon chapeau, tel qu'il était, un magnifique panache de plumes d'autruche dans toute leur longueur. Mon fidèle Klaas devait monter à cheval avec moi et me servir d'écuyer; jaloux de le faire paraître avec distinction, je lui donnai une de mes vieilles culottes qu'il ne mit pas sans prendre un air de vanité qui annonçait en même temps le plaisir que lui faisait ce cadeau et l'importance qu'il recevait de cette décoration.

» Tout étant prêt pour le départ, je dépêchai deux de mes chasseurs, avec leurs fusils, pour prévenir la horde de mon arrivée; et bientôt moi-même, après avoir déjeuné, je mis mon

poignard à ma boutonnière, une paire de pisto-
lets à ma ceinture, une autre à l'arçon de ma
selle, avec mon fusil à deux coups, et je montai
à cheval. Klaas en fit autant : il portait ma ca-
rabine, et me suivait, conduisant quatre de
mes chiens; il était suivi, à son tour, de quatre
chasseurs qui escortaient un autre de mes gens
chargé de porter une cassette contenant deux
mouchoirs rouges, des anneaux de cuivre, des
couteaux, des briquets et quelques autres pré-
sents que je voulais faire à la horde. Après
trois grandes heures de marche, nous aperçû-
mes le kraal de Haabas; lorsque je ne m'en vis
plus qu'à deux cents pas, je lâchai mes deux
coups et j'en fis faire autant à mes quatre chas-
seurs; les deux autres que j'avais envoyés en
avant répondirent par leur décharge, et ce fut
pour toute la horde le signal d'un cri de joie
général : tout le monde sort des huttes et se
rassemble en pelotons; mais, à mesure que
j'approche, les femmes, les filles, les enfants
disparaissent; les hommes, restés seuls, ayant
leur chef à leur tête, viennent à ma rencontre
Mettant alors pied à terre : *Tabé, tabé!* Ce qui
signifie : Je vous salue.

» — Haabas, tabé, tabé! répétai-je au bon
bon vieillard en prenant sa main, que je pressai
dans la mienne.

» Haabas répondit à mon salut avec toute

l'effusion d'un cœur reconnaissant; j'essuyal le même cérémonial de la part de tous les hommes, excepté que, supprimant par respect le signe de la main, ils le remplacèrent par celui de la tête de bas en haut.

» Je me faisais une fête de contempler cette horde intéressante, et je m'y rendis escorté de toute la troupe; à mesure que je passais devant une de ces huttes qui, comme toutes celles des Hottento s, n'ont qu'une ouverture fort basse, la maîtresse du logis, qui s'était d'abord montrée pour me voir venir de loin, se retirait aussitôt; cependant ces dames s'apprivoisèrent peu à peu, et je me vis à la fin entouré. On me présenta du lait de tous côtés. Narina n'était pas encore du nombre des curieuses; je demandai de ses nouvelles, on courut pour la chercher; elle arrivait portant une corbeille de lait de chèvre tout chaud qu'elle vint m'offrir avec empressement. J'en bus de préférence, autant à cause des grâces naturelles qu'elle mit dans ce présent, que de la propreté qu'elle avait eu l'attention de donner à son vase, et que n'avaient point, à beaucoup près, ceux des autres.

» Arrivé chez Haabas, il me montra sa femme; elle n'avait rien qui la distinguât des autres, et je vis là, comme on le v il souvent ailleurs, que madame la commandante était ri-

chement vieille et laide ; cela n'empêcha point
qu'en courtisan délié, je lui présentasse un
mouchoir rouge, qu'elle reçut sans façon et
dont elle se ceignit sur le champ la tête. J'ajou-
tai à cette offre un couteau, un briquet et des
colliers qu'elle choisit blancs et rouges. J'ai
toujours remarqué qu'en général les sauvages
ne font pas grand cas du noir et du bleu. Je fis
ensuite la distribution du reste de la verrote-
rie que j'avais apportée. Je donnai aux hommes
des couteaux, des briquets et des bouts de ta-
bac.

» J'avais peine à me séparer de ces bonnes
gens ; cependant la nuit approchait, je pris
donc congé, et, après une kyrielle de *tabé,* je
remontai à cheval. Presque toute la horde me
suivait ; mais de plus en plus pressé par le
temps, je piquai des deux, et, en moins d'une
heure, Klaas et moi nous fûmes rendus au gîte;
le reste de mon monde arriva beaucoup plus
tard.

» Le lendemain, toute la horde des Gonaquois
fut à mon camp, et la journée fut employée
aux danses et à la joie : les uns arrivaient, les
autres partaient; ou se croisait de toutes parts
sur les chemins. Ce spectacle était pour moi
le tableau mouvant d'une fête de village. Ce ne
fut que l'après-midi du second jour que cessa
la procession, et que ces braves gens prirent

congé de mon camp pour retourner tout à fait à leur horde. Je fis à Narina quelques nouveaux présents et je la laissai partir.

» Le kraal de Haabas, situé sur le penchant d'une colline, à quatre cents pas environ de la rivière Groote-Vish, se composait d'environ quarante huttes, liées l'une à l'autre par de petits parcs particuliers et formant plusieurs demi-cercles. Les huttes portent tout au plus de huit à neuf pieds de diamètre sur cinq à six de hauteur : couvertes de peaux de bœuf ou de nattes, elles n'ont qu'une seule ouverture fort étroite et fort basse ; c'est au milieu de ce four que la famille entretient son feu ; c'est là qu'elle se couche sur des nattes, entre deux peaux de mouton.

» Moins recherché que sa femme dans ses habillements, le Gonaquois s'orne de bracelets et de colliers avec moins de profusion ; il n'a d'autre vêtement que son kross, sorte de manteau très ample fait avec des peaux de veau ou de mouton, et son jakal, ceinture en forme de petit tablier ; il marche toujours nu-tête, à moins qu'il ne pleuve ou qu'il n'ait froid ; alors il porte un bonnet de cuir. Il a pour chaussure des sandales fixées avec des courroies. Les Gonaquois sont adonnés à la chasse ; ils y déploient beaucoup d'adresse. Indépendamment des piéges qu'ils tendent au gros gibier, ils le guettent, l'attaquent, le tirent avec leurs flèches empoisonnées, ou le tuent avec leurs sagaies; ces deux armes sont les seules dont ils se servent. Les flèches sont faites de roseaux et très artistement travaillées; elles n'ont guère que dix-huit pouces, tout au plus deux pieds de longueur. On arrondit un petit os de trois à quatre pouces de long, et d'un diamètre moindre que celui du roseau; on l'implante dans ce roseau par l'un des bouts, mais sans le fixer. De cette manière, lorsque la flèche a pénétré dans un corps, on peut bien en retirer la baguette, mais le petit os ne vient pas avec elle; il reste caché dans la plaie. Armé, sur le côté, d'un petit crochet de fer, il rend inutiles tous les moyens que l'art voudrait imaginer pour le faire sortir. C'est ce même os qu'on enduit de poison qui a la fermeté du mastic, et à la pointe duquel on ajoute souvent un petit fer triangulaire et bien acéré, qui rend l'arme encore plus terrible. Les arcs sont proportionnés aux flèches, et n'ont que deux pieds et demi, ou tout au plus trois de hauteur; la corde est en boyaux.

» Pour leurs jeux et leurs danses, les Hottentots préfèrent la nuit au jour, parce qu'elle est plus fraîche. Veulent-ils se livrer au dernier exercice? ils forment, en se tenant par la main, un cercle plus ou moins grand, en proportion du nombre des danseurs et des danseuses toujours symétriquement mêlés. Cette chaîne tournoie de côté et d'autre, et se quitte par intervalle, pour marquer la mesure. De temps en temps, chacun frappe dans ses mains, sans rompre pour cela la cadence. Les voix se réunissent aux instruments et chantent continuellement Hoo! Hoo! c'est le refrain général. On finit assez ordinairement par un ballet général ; le cercle se rompt, et l'on danse pêle-mêle, comme chacun l'entend. On voit alors l'adresse et la force briller dans tout leur jour. Les beaux danseurs répètent, à l'envi l'un de l'autre, ces sauts périlleux et ces gargouillades qui, dans nos grandes académies de musique excitent des *ha! ha!* tout aussi bien mérités et sentis que les hoo! hoo! d'Afrique.

» Les instruments qui brillent là par excellence, sont le goura, le joum-joum, le rabouquin et le romelpot.

» Le goura a la forme d'un arc de Hottentot sauvage ; il est de la même grandeur. On attache une corde de boyau à l'une de ses extrémités, et l'autre bout de la corde s'arrête par un nœud dans un tuyau de plume aplatie et fendue. Cette plume déployée forme un triangle isocèle très allongé, qui peut avoir environ deux pouces de longueur ; c'est à la base de ce triangle qu'est percé le trou qui retient la corde ; et la pointe, se repliant sur elle-même, s'attache avec une courroie fort mince à l'autre bout de l'arc. Cette corde peut être plus ou moins tendue, selon la volonté du musicien. Lorsque plusieurs gouras jouent ensemble, ils ne sont jamais montés à l'unisson. On tient cet instrument à peu près comme le cor de chasse ; le bout de l'arc où se trouve la plume est à la portée de la bouche du joueur ; il l'appuie sur cette plume, et, soit en aspirant, soit en soufflant, il en tire des sons assez mélodieux ; mais les sauvages qui réussissent le mieux ne savent y jouer aucun air. Ils ne font entendre que des sons flûtés ou lourés, tels que ceux qu'on tire d'une certaine manière du violon et du violoncelle.

» Le goura change de nom, quand il est joué par une femme, uniquement parce qu'elle change la manière de s'en servir ; il se transforme en joum-joum. Assise à terre, elle le place perpendiculairement devant elle, de la même façon qu'on tient les harpes en Europe ; elle l'assujétit par le bas, en passant un pied entre l'arc par le milieu ; et tandis que la bouche souffle sur la plume, de l'autre main la musicienne frappe la corde en différents endroits avec une petite baguette de cinq ou six pouces, ce qui opère quelque variété dans la modulation ; mais il faut approcher l'oreille pour saisir distinctement la dégradation des sons.

» Le rabouquin est une planche triangulaire sur laquelle sont attachées trois cordes de boyau soutenues par un chevalet, et qui se tendent à volonté par le moyen de chevilles. Ce n'est autre chose qu'une guitare à trois cordes ; tout autre qu'un Hottentot en tirerait peut-être quelque parti ; mais celui-ci se contente de le pincer avec ses doigts, et le fait sans suite, sans art et même sans intention.

» Le romelpot est le plus bruyant de tous les instruments de ces sauvages. C'est un tronc d'arbre creusé, qui porte deux ou trois pieds de hauteur ; à l'un des bouts on a tendu une peau de mouton bien tannée, qu'on frappe avec les mains, ou pour parler plus clairement avec les poings, quelquefois même avec un bâton. Cet instrument, qui se fait entendre de très loin, n'est pas à coup sûr un chef-d'œuvre d'invention ; mais, dans quelque pays que ce soit, c'est assez la méthode de remplacer par du bruit ce qu'on ne peut obtenir du goût.

» Un sentiment bien délicat pour des sauvages, fait que les Hottentots se tiennent à l'écart lorsqu'ils sont malades. Rarement les aperçoit-on alors. Il semble qu'ils soient honteux d'avoir perdu la santé. Ils s'entendent merveilleusement à panser, à guérir les plaies, et

même à remettre les luxations ou les fractures;
il est rare de voir un Hottentot estropié. Dès
qu'un Hottentot expire, on l'ensevelit dans son
plus mauvais kross; on ploie ses membres de
manière que le cadavre soit entièrement enve-
loppé. Ses parents le transportent à une cer-
taine distance de la horde, et, le déposant dans
une fosse creusée à cette intention, ils le cou-
vrent de terre, ensuite de pierres, s'ils en trou-
vent dans le canton. Il serait difficile qu'un
pareil mausolée fût à l'abri des atteintes de
l'hyène; aussi le cadavre est-il bientôt déterré
et dévoré. Quand c'est un chef de horde qu'on
a perdu, le tas de pierres et de terre sous le-
quel on l'ensevelit est plus considérable.

» J'ai dit que les Hottentots ne s'assemblent
guère que la nuit pour se divertir; les occupa-
tions journalières ne leur laissent point d'au-
tre temps, chacun a ses devoirs à remplir. Il
faut surveiller, protéger les troupeaux épars
dans les champs, les panser et les traire deux
fois par jour; travailler aux nattes, amasser le
bois sec pour les feux du soir; il faut enfin
pourvoir à sa subsistance et chercher des ra-
cines; ces occupations appartiennent particu-
lièrement aux femmes. Les hommes, de leur
côté, vont à la chasse, font la revue des piéges
qu'ils ont tendus en divers endroits, fabriquent
des flèches et tous les instrumens dont ils ont
besoin.

» J'ai visité plus d'une peuplade de sauvages, et je n'ai trouvé partout que retenue et circonspection chez les femmes ; je puis ajouter aussi chez les hommes. Si je n'en puis dire autant des Hottentots des colonies, je n'hésite point à en rejeter toute la faute sur les Européens, dont la présence dans ces contrées est devenue la ruine et le fléau des mœurs. »

CAFRERIE.

« J'avais pris la résolution de pénétrer dans la Cafrerie, ce que mes gens ne voyaient pas sans chagrin ; car les Hottentots regardent comme leurs ennemis jurés les Cafres qui, en effet, les enveloppent souvent dans la même haine qu'ils portent aux colons, leurs persécuteurs et leurs bourreaux. J'attendais avec impatience le retour de quelques envoyés à qui j'avais donné commission d'aller trouver Pharas, roi des Cafres, afin de le rendre favorable à mon dessein ; leur retard, qui était un sujet de vives alarmes pour ma petite troupe, commençait à m'inquiéter moi-même. Klaas, par ses réflexions et par ses récits, augmentait encore mes appréhensions ; je ne savais si je devais avancer ou reculer, lorsqu'un jour je vis arri-

ver un des gardiens qui surveillaient mes trou'
peaux accourir vers mon camp effrayé et hors
d'haleine. Il m'apprit qu'on venait d'apercevoir, de l'autre cô é de la rivière, une troupe
considérable de Cafres qui se disposaient à la
traverser. Quelques instants après arriva le
troupeau que ramenaient précipitamment au
logis les trois autres gardiens, qui, comme
leur camarade, avaient pris l'épouvante. Cette
seconde alerte avait à peine eu lieu que je vis,
à deux ou trois cents pas de nous, défiler, au
détour d'une petite colline, toute la troupe des
Cafres, au m.li u de laquelle je reconnus mes
envoyés. Ceux-ci, tandis que leur escorte s'arrêtait à la portée de la sagaie, vinrent droit à
moi; ils m'apprirent, en quatre mots, que j'étais libre de voyager dans la Cafrerie, que j'y
serais respecté comme un ami, et qu'ils étaient
revenus acco npagnés d'un certain nombre
de Cafres qui avaient pour mission de m'offrir
l'amitié de leur nation en échange de la mienne
Sur un signe que leur firent mes envoyés, les
Cafres s'avancèrent, et, dans un moment, je
fut entouré. Ils étaient dix-neuf hommes, cinq
femmes et deux enfants. Ils me saluèrent l'un
après l'autre, par le tabé, que je connaissais
aussi bien qu'eux, et qui fut toute ma réponse
à leurs compliments; car, outre que je comprenais mal leur langage, ils me parlaient tous

ensemble, et avec une telle volubilité, qu'il m'é-
tait impossible de démêler aucun son distinct.

» Je ne devinais donc rien de ce que disaient
entre eux ces nouveaux amis; mais je remarquai
qu'ils étaient fort occupés, soit de mon camp,
soit de ma personne, soit de mes gens et de
leurs divers mouvements. Un d'eux me fit de-
mander, au nom de tous, si je ne permettrais
pas qu'ils vissent mes armes; je les fis appor-
ter, et les leur remis moi-même sans montrer
de défiance. Elles passèrent de main en main,
furent examinées et retournées avec l'attention
la plus minutieuse; mais leur curiosité pétu-
lante demandait quelque chose de plus; je m'y
étais attendu. Le hasard me servit à propos; je
tirai coup sur coup deux hirondelles qui filaient
devant nous, et les fis tomber à quelques pas.
Cette action subite, mais calme, les émerveilla
doublement. Je leur demandai, par des signes,
s'ils ne pourraient pas en faire autant avec
leurs sagaies; mais ils secouèrent la tête en
souriant et me firent entendre que cette arme
était impuissante pour atteindre les oiseaux au
vol. Un seul se leva, me montra mes moutons
qui paissaient à quelques centaines de pas, et
me fit entendre que ses camarades et lui étaient
en état de les percer à la course, ainsi que les
autres quadrupèdes plus ou moins grands. Ce
Cafre était parfaitement moulé et d'une figure

qui m'intéressa sur-le-champ. L'heure du dîner approchait, et je me proposais de régaler ce monde; j'envoyai chercher un mouton, et, le montrant du doigt au jeune homme, je lui permis de le tirer. Il portait cinq sagaies dans la main gauche; sur mon invitation il en saisit une de la droite, fait lâcher le mouton qui se met à galoper pour rejoindre le troupeau, en même temps il brandit sa sagaie avec force, et, s'élançant en avant par quatre ou cinq sauts rapides, il la décoche; la sagaie siffle, fend l'air, et va se perdre dans les flancs de l'animal, qui chancelle et tombe mort sur la place.

» Je ne pus lui cacher ma surprise et ma joie; tant d'adresse, unie à la force, à la grâce, enchanto tout mon monde. Les témoignages d'admiration qu'excitait parmi nous mon jeune chasseur, agrandissaient son regard et déve-.oppaient les muscles de son visage; fier d'un pareil triomphe et de mes applaudissements, ses pieds ne touchaient plus à terre, il mesurait ma taille, se rangeait à mes côtés, et semblait dire : *Toi, moi !*

» Après avoir tiré sa lance du corps de l'animal, le jeune Cafre en licha plusieurs fois le fer dans le sable, et l'essuya soigneusement avec une poignée d'herbes. Les feux furent allumés, on coupa le mouton par morceaux; il fut rôti, et bientôt il n'en resta plus que la peau. Le repas terminé, je distribuai à mes hôtes diverses espèces de quincailleries et du tabac. Ils reçurent mes présents avec satisfaction, et sur-le-champ chacun se mit en devoir d'en faire usage. Mais ce qui fixait davantage leur imagination, ce qu'ils m'auraient escamoté de bon cœur, c'était du fer...

» Mes Cafres avaient établi leur petit kraal près de mon camp; je les visitai souvent, et peu à peu je pris assez l'habitude de leur langage pour les entendre et me faire comprendre d'eux. J'appris ainsi que je devais leur bienveillance à la conviction où ils étaient, par suite des récits de mes envoyés, que je ne pouvais pas être un colon. Ils me regardaient même comme un protecteur, et comptaient surtout que j'aurais le pouvoir de les venger d'un certain colon de Bruyntjes-Hoogte, dont ils me firent des plaintes cruelles...

» Je n'avais pas encore remarqué de près les bêtes à cornes que mes Cafres avaient amenées, parce que, dès la pointe du jour, elles s'égaraient dans les taillis et les pâturages, et n'étaient ramenées qu'à la nuit par leurs conducteurs. Mais un jour, m'étant rendu de fort bonne heure dans leur kraal, je fus étrangement surpris au premier aspect de quelques-uns de ces animaux. J'avais peine à les reconnaître pour des bœufs ou des vaches, non parce qu'ils étaient infiniment plus petits que les nôtres, mais à cause de la variété, des divers contours et de la multiplicité de leurs cornes; elles ressemblaient assez à ces lithophytes marins connus des naturalistes sous le nom de bois-de-cerf. Persuadés dans le moment que ces concrétions étaient un présent de la nature, je regardais les bœufs cafres comme une variété de l'espèce; mais je fus désabusé par mes hôtes; ils m'apprirent que ce n'était qu'un chef-d'œuvre de leur invention et de leur goût... »

En effet, les Cafres, à l'aide de petits traits de scie, partagent en deux les cornes de leur bétail, dans l'âge le plus tendre : il advient de là que cette double division s'isole d'elle-même, de façon qu'avec le temps l'animal porte quatre cornes bien distinctes, souvent encore subdivisées par le même procédé.

» Pendant que je visitais, chez ces Cafres, leurs bœufs, leurs ustensiles, et que je les épuisais de questions sur leur pays, leurs mœurs, leurs usages, mon attention fut fixée par un bruit sourd qui semblait arriver d'un peu loin et qui revenait par intervalles frapper mon oreille; je leur demandai ce que ce pouvait être. Ils m'apprirent que trois ou quatre de leurs camarades s'occupaient, au pied d'une petite roche voisine qu'ils avaient découverte, à forger quelques armes des morceaux de vieux fer qu'ils avaient apportés de chez eux, ou échangés durant leur voyage. Curieux de connaître leur manière d'opérer, je leur demandai et j'obtins la permission d'aller examiner leur forge. Les ouvriers étaient réunis autour d'un grand feu, au pied d'une colline graniteuse; ils retiraient du brasier une barre de fer assez grosse et profondément rougie; ils la posèrent sur une enclume et se mirent à la battre avec des pierres fort dures; ils s'y prenaient très adroitement; mais ce fut leur soufflet qui me parut un meuble bien misérable. Il était fait d'une peau de mouton soigneusement vidée par une légère incision et bien recousue. Les parties de l'origine des quatre pattes, qu'ils avaient retranchées comme inutiles et même embarrassantes, étaient nouées. Ils avaient également tranché la tête, et substitué en place un bout de canon autour duquel ils avaient ramassé et fortement attaché la peau du cou. Le souffleur présentant d'une main le canon au foyer, éloignait et rapprochait avec l'autre main l'extrémité de cette peau ; cette méthode fatigante ne donnait pas toujours assez d'activité au feu pour faire rougir le fer; mais, n'en sachant pas davantage, ces pauvres Cyclopes ne se rebutaient pas. »

François Levaillant raconte alors comme

quoi, avec quelques planches qu'il envoya chercher à son camp, il composa pour les Cafres un tout autre soufflet, à la manière européenne, et comment ces braves gens, enthousiasmés de l'effet produit par ce nouvel instrument, ils furent bien autrement dans l'allégresse quand notre voyageur leur fit cadeau du produit de son travail.

» A juger la nation cafre d'après les individus que j'ai vus, continue l'intéressant auteur, leur taille est généralement plus haute que celle des Hottentots; ils sont en général robustes. Leur figure est aussi p'us agréable. Leurs grands yeux, qu'ombrage un front large et haut, sur lequel se dessine agréablement la naissance des cheveux, leur donnent un air ouvert et spirituel. Ils ne rendent point leur visage ridicule en épilant leurs sourcils, comme les Hottentots; mais ils se tatouent quelquefois, particulièrement la figure. Leurs cheveux, très crépus et d'un noir d'ébène, ne sont jamais graissés; il n'en est pas de même du reste de leur corps; c'est un moyen qu'ils emploient dans la seule vue d'entretenir la souplesse et la vigueur.

» Les hommes, dans leur parure, aiment beaucoup la verroterie, les anneaux et les plaques de cuivre; presque toujours on leur voit, soit aux bras, soit aux jambes, des bracelets faits avec des défenses d'éléphants ; ils scient en rouelles la partie creuse, et laissent à ces anneaux naturels plus ou moins d'épaisseur. Ils se font encore des colliers avec des osselets d'animaux enfilés, auxquels ils savent donner la blancheur et le poli le plus parfait. Dans la saison des chaleurs, le Cafre va toujours nu ; il ne conserve que ses ornements et ses armes, sans lesquels il ne marche jamais. Dans les jours pluvieux, il s'enveloppe le corps d'un ample kross de peau de veau ou de vache, dont les poils sont enlevés, et qui descend souvent jusqu'à terre. Une particularité qui peut-être ne se rencontre nulle part, c'est que les femmes cafres, en général, ne font pas autant de cas de la parure que les hommes ; comme elles sont, en comparaison des autres sauvages, bien faites et jolies, auraient-elles donc le bon esprit de croire que les ornements sont moins faits pour ajouter à la beauté que pour masquer les imperfections? Elles ne portent pas même de bracelets de cuivre ; leurs petits tabliers ne sont bordés souvent que de quelques rangs de verroterie ; voilà leur plus grand luxe. Elles ont, comme leurs maris, un kross pour la saison pluvieuse ou lorsqu'il fait froid. Les Cafres ne couvrent point leur tête d'un bonnet, à la manière des Hottentots ; mais j'ai souvent remarqué une plume ou quelques plaques de cuivre attachées dans leurs cheveux, et quelquefois aussi seulement de petites pièces triangulaires ou carrées faites avec la peau des animaux qu'ils ont tués à la chasse.

» Les occupations journalières des femmes se bornent à façonner de la poterie, à tresser des paniers, à gratter la terre avec des pioches de bois pour la préparer à recevoir des semences.

» Les cabanes cafres, plus spacieuses et plus élevées que celles des Hottentots, ont aussi la forme plus régulière ; c'est absolument un demi-globe parfaitement arrondi ; la carcasse en est faite avec une espèce de treillage bien solide et bien serré ; on l'enduit ensuite, tant en-dedans qu'en-dehors, d'une sorte de torchis de bouse et de glaise battues ensemble, bien uniment répandues. Ces huttes offrent à l'œil un grand air de propreté. On les croirait badigeonnées. Comme elles ne servent absolument qu'à passer la nuit et à serrer les armes, elles ont des entrées extrêmement basses et étroites qui permettent de s'y clore parfaitement et de s'y défendre, soit contre les animaux, soit contre les surprises de l'ennemi. Dans le centre, on ménage un petit âtre circulairement entouré d'un rebord saillant de deux ou trois pouces, pour contenir le feu et mettre la cabane à l'abri de ses atteintes. Dans le tour extérieur, on creuse un petit canal destiné à recevoir les eaux ; cette précaution éloigne toute espèce d'humidité.

» Les Cafres ont une très haute idée de l'auteur des êtres et de sa puissance ; ils croient à une autre vie, à la punition des méchants, à la récompense des bons ; mais ils n'ont point d'idée de la création ; ils pensent que le monde a toujours existé, et qu'il sera toujours ce qu'il est. Ils ne se livrent, du reste, à aucune pratique religieuse, et ne prient jamais ; ils sont eux mêmes les instituteurs de leurs enfants, ils n'ont point de prêtres. En revanche, ils ont des sorciers qui sont généralement craints et révérés. Le peuple se laisse gouverner par un chef dont le pouvoir est très borné ; ne recevant point de subsides, il ne peut avoir aucune troupe à sa solde ; il est loin du despotisme.

» Les instruments, la musique et les danses des Cafres ressemblent absolument à ceux des Hottentots.

» Les morts sont transportés hors du kraal par la famille, et déposés dans une fosse commune, où ils deviennent la pâture des animaux. Les honneurs de la sépulture ne sont dus qu'au roi et aux chefs de horde ; on couvre leurs corps d'un monceau de pierres en forme de dôme.

» Quel que soit l'attachement du Cafre pour les troupeaux, j'ai eu occasion de remarquer chez lui une affection prédominante, qui va même jusqu'à la passion, celle qui le porte vers le chien. Il a pour cet animal des attentions et des complaisances outrées; aussi la reconnaissance en fait-elle bientôt son meilleur ami. Ma meute ne fut jamais autant caressée ni si bien nourrie que pendant le séjour de la petite horde que j'avais avec moi.... »

Cependant l'intrépide voyageur français se dirigea vers le pays des Namaquois : mais bien qu'on fût à l'époque de la saison pluvieuse, les pluies manquaient partout, et partout on éprouvait une sécheresse effroyable. Jamais, de mémoire d'homme, cette partie de l'Afrique n'avait autant souffert. Le terrain était sec et brûlé; il n'existait pas même de verdure sous les arbres, au bord des rivières : les bestiaux de la caravane étaient réduits à se contenter de quelques plantes grasses et des feuilles des arbustes. Levaillant atteignit l'embouchure de la rivière des Éléphants, et il vit dans les dunes beaucoup de fumées d'éléphant, ce qui le fixa pour quelque temps dans ce canton. Il voulut même traverser la rivière, et alors il courut les plus grands dangers, ainsi que toute sa suite. Enfin il atteignit l'autre rive.

» Alors, dit-il, je fis route vers le nord; mais, malgré la douceur d'un temps favorable, mes attelages étaient si affaiblis qu'après trois heures de marche, ils se refusèrent au service et m'obligèrent d'arrêter. L'après-dîner, ils ne purent faire que deux lieues; encore fallut-il nous résoudre à dételer, et abandonner trois bœufs qui, tombés de fatigue, restèrent sur la place, où probablement ils moururent, puisque nous ne les revîmes plus. Dans la nuit, j'en perdis cinq autres que je vis tristement périr au lieu où ils étaient couchés, sans pouvoir les sauver. Le reste était si faible que je désespérais de faire même une lieue. Nous n'avions trouvé dans toute la journée ni eau ni pâturage. Je me remis en marche, avec la précaution d'envoyer de tous côtés à la découverte ceux de mes gens qui ne m'étaient pas nécessaires, afin de trouver, s'il était possible, une source et quelque herbage où nous séjournerions quelque temps. Ils ne purent rien découvrir; partout, dans cet affreux désert, le sol n'offrait qu'une surface aride et brûlée, où nous tracions nos sillons dans le sable.... »

Enfin nos voyageurs aperçurent au loin, Krak-keel-kip — Roche de discorde — où ils supposaient trouver de l'eau : ils furent même victimes de l'illusion d'optique connue sous le nom de mirage, et crurent voir des chariots là où ils ne trouvèrent que des éléphants. L'eau qui leur apparut les remplit de bonheur; mais, hélas! cette eau était corrompue par le fiente de tous les animaux sauvages qui venaient s'y désaltérer, et il leur fut impossible de boire cette eau immonde, verdâtre et putride. Ceux qui se résignèrent à en boire, éprouvèrent d'horribles coliques. Là, pendant que les animaux prenaient quelque repos, les Hottentots firent une chasse aux gazelles afin d'épargner leurs moutons, dont le nombre était fort réduit; mais inutiles efforts! les gazelles ne se laissaient pas approcher. Il fallut abandonner un des chariots et alléger les deux autres, tant les bêtes de trait étaient faibles et impuissantes. D'ailleurs, des cinquante-quatre bœufs qui formaient la caravane de bétail, il n'en restait plus que dix-neuf, et encore étaient-ils épuisés. On fut contraint de laisser le second chariot, et Levaillant voulait abandonner de même le troisième et dernier, lorsque ses fidèles et dévoués Hottentots, convaincus du chagrin profond que lui causerait l'interruption de son voyage, s'y opposèrent et lui rendirent quelque courage, par leurs témoignages d'affection et de dévouement.

« Au point du jour, un matin, raconte notre infortuné voyageur, je fus tout-à-coup arraché à ma rêverie par un coup de tonnerre. Je me précipitai de mon chariot, et, par un mouvement naturel, j'élevai les mains en signe d'adoration vers les nuages que la foudre sem-

blait chasser devant elle. Mes amis, transportés
d'allégresse, vinrent aussitôt se ranger autour
de moi. Le ciel, en un moment, se couvrit, et
.es nuages s'amoncelèrent sur nos têtes. Mon
cœur palpitait d'aise et de crainte. J'attendais,
dans une mortelle impatience, l'heureux effet de
cet orage, et j'espérais, à tout moment, de le voir
se résoudre en pluie ; cette joie fut passagère,
horrible. Emportés par les vents, les nuages al-
lèrent se perdre à l'horizon ; ce spectacle nous
frappa tous d'une consternation si grande, qu'il
nous plongea dans une complète immobilité.
Cette fois, le désespoir vint s'emparer des plus
résolus, et leur silence m'annonça que je n'a-
vais pour l'instant aucun service à attendre
d'eux.

» Pendant la nuit il était mort deux bœufs,
et trois chiens m'avaient abandonné. Je vis
expirer près de moi un de mes chevaux. C'est
ainsi que je perdais successivement toutes mes
bêtes, et je les voyais périr avec d'autant plus
de regrets qu'elles avaient partagé mes fatigues
et que je m'y étais attaché. Ces pauvres ani-
maux n'arrivaient cependant qu'avec lenteur à
leur dernier moment ; mais ce dernier moment
était très douloureux. Ils tombaient dans les
convulsions, puis une longue agonie achevait
de les anéantir. L'un était à peine étendu mort
que l'autre y succédait promptement. Après

mon cheval, mourait encore sous mes yeux le meilleur de mes bœufs, auquel j'avais donné le nom d'Ingland. De toutes mes pertes, ce fut celle qui me causa le plus d'affliction.

» Ingland était doué d'un instinct supérieur à celui des animaux de son espèce ; mes gens, quand ils l'avaient détaché de la voiture, se passaient de veiller sur lui comme sur les autres ; ils le laissaient errer à son gré dans le pâturage et l'abandonnaient à son intelligence toute particulière, bien sûrs qu'il ne s'éloignerait jamais beaucoup du camp. Fallait-il atteler pour le départ, on n'avait pas besoin de l'arracher à la pâture et de le ramener au chariot comme le reste du troupeau. Dès que les trois coups de fouet qui servaient de signal s'étaient fait entendre, il venait de lui-même à son poste et se présentait toujours le premier aux traits, comme s'il eût craint de perdre les droits de la place de timonier qu'il n'avait jamais cessé d'occuper. Si j'allais me promener ou chasser, à mon retour Ingland, du plus loin qu'il m'apercevait, quittait son pâturage et accourait vers moi avec une sorte de mugissement particulier qui annonçait sa joie. Il venait frotter sa tête le long de mon corps et me caressait à sa manière ; souvent même il léchait mes deux mains ; j'étais contraint de m'arrêter pour recevoir ses amitiés, qui duraient quelquefois un quart d'heure. Enfin, lorsque j'y avais répondu par mes caresses et par un baiser, il reprenait tranquillement le chemin de ma tente et marchait devant moi. La veille de sa mort, Ingland s'était couché près de son timon ; ce fut à cette place qu'il expira. J'eus la douleur de voir ses dernières souffrances sans qu'il me fût possible de lui donner aucun secours. Ah ! combien de fois trahi par l'amitié, trompé dans les plus douces illusions, victime de ma confiance et des penchants les plus honnêtes, combien de fois j'ai pensé à ce pauvre Ingland, et jeté machinalement les yeux sur la main qu'il avait si souvent léchée ! »

Enfin, après que la caravane se fut avancée plus loin dans les montagnes, une nuit un orage semble se former et préparer une pluie abondante.

« Vers une heure après minuit, Klaas, toujours le même, toujours occupé de moi, s'approche tout-à-coup et me dit d'un ton qui annonce les palpitations de l'espérance, qu'il aperçoit des éclairs à l'horizon, que les nuages paraissent s'amonceler sur nos têtes, et qu'infailliblement nous allons avoir un orage. Il n'a pas fini de parler, que j'entends le bruit de quelques gouttes d'eau, heureux précurseur d'une pluie abondante. Tous mes sens, en ce moment dilatés d'aise et de joie, se rouvrent à la vie. Je sors de ma couverture, et, couché sur le dos, la bouche ouverte, je recueille avec volupté les gouttes que le hasard y fait tomber. Chacune d'elles paraît un baume rafraîchissant sur ma langue et sur mon palais desséchés. L'averse ne tarde point à fondre de toutes parts; elle tombe trois heures par torrents, se disputant de fracas avec le tonnerre, qui ne cesse de gronder sur nos têtes. Mes Hottentots courent çà et là par l'orage, se cherchent l'un l'autre et se félicitent, avec un air de triomphe, de se voir ainsi baignés... Tant de bonheur ne pouvait être couronné tristement. Un vent d'est vint déchirer en lambeaux et emporter devant nous le reste des nuages; le ciel reprit sa pureté, et le soleil, qui la veille achevait de dessécher nos corps, sembla ne s'élever ce jour-là que pour réparer les dégâts de l'orage. Au réveil, chacun se trouvait un autre homme; nous étions ressuscités. »

A quelques jours de là, Levaillant et ses gens arrivèrent au kraal de Klaas Baster, un Hollandais fixé dans la contrée, et pour lequel notre voyageur avait une lettre de recommandation du colonel Gordon. Levaillant fut parfaitement accueilli des colons. Il fut réjoui en cet endroit par le reste de ses équipages, que les Hottentots allèrent chercher. Dans ce kraal se trouvait une mulâtresse dont la société ne fut pas sans charmes.

« Je suis fille d'un blanc, disait-elle, mais j'ai pour mère une Hottentote. Alliée ainsi par ma famille à deux races différentes, j'avais à choisir entre les deux celle avec qui je vivrais. Vous savez quel profond mépris vos blancs ont pour les noirs et même pour les sangs mêlés comme moi. M'établir parmi eux, c'était m'exposer à des opprobres, à des affronts journaliers ; tandis que, chez mes Hottentots, j'étais sûre de trouver de l'accueil, de l'amitié, des égards. Je n'ai pas hésité entre des amis certains et des ennemis assurés. J'ai préféré le bonheur à l'orgueil... »

« Un matin que cette mulâtresse était venue rôder autour de mes chariots et de mes tentes, continue Levaillant, elle m'appela tout-à-coup à grands cris ; puis, me mettant dans la main un œuf tout chaud :

» — Tenez, me dit-elle, voici ce qui vous appartient ; mais que ceci vous apprenne à être moins négligent, et qu'il ne faille plus désormais que je vienne auprès de vous pour vous donner des leçons de vigilance !

» L'œuf avait été trouvé dans les broussailles. Il venait d'être pondu par une poulette que j'avais depuis peu, et il n'était sûrement pas le premier. Je vis dans les environs du nid des fragments de coquilles qui annonçaient d'autres poules. Je voulus m'assurer si ce n'était pas à mon singe Keès que je devais m'en prendre de ces vols et de cette gourmandise, et le lendemain matin je me mis aux aguets pour attendre le moment où la poulette ayant pondu m'en avertirait par ses cris. Keès était alors sur mon chariot. Il n'eut pas plus tôt entendu le premier caquet de la pondeuse, qu'à l'instant il s'élança en bas de la voiture pour courir à l'œuf. Arrêté tout-à-coup par ma présence, il affecta une attitude nonchalante, se balança pendant quelque temps sur ses pieds de derrière en clignotant des yeux avec un air imbécile, passa et repassa plusieurs fois devant moi; en un mot, il employa tout ce qu'il avait de ruse pour me distraire et pour m'en imposer sur ce qu'il méditait. Sa manœuvre hypocrite ne fit que me confirmer davantage dans mes soupçons. Mais je fus bientôt convaincu, quand, ayant feint pour l'abuser à mon tour, de tourner le dos aux broussailles, je le vis s'élancer rapidement de ce côté. Je courus après lui et j'arrivai au moment où, après avoir cassé l'œuf, il l'avalait. On se doute bien que le fripon paya sur le lieu même la peine de son délit. Je l'étrillai très vigoureusement; et néanmoins ma correction, toute verte qu'elle était, ne l'empêcha pas de voler encore l'œuf nouveau.

» Persuadé que je ne parviendrais pas à changer la nature de Keès, et qu'à moins de le tenir tous les matins à la chaîne, jamais je n'aurais un œuf, j'entrepris de lutter de ruse avec lui, et j'exerçai un de mes chiens à courir au nid dès que la poule faisait entendre qu'elle avait pondu, et à me rapporter l'œuf sans le casser. En quelques jours l'animal fut dressé. Mais Keès, au signal, courait en même temps que lui vers la pondeuse. Alors il fallait disputer à qui des deux aurait l'œuf; et souvent, quoique le chien fût plus fort, ce n'était pas lui qui l'emportait. Si celui-ci était vainqueur, je le voyais accourir avec joie et déposer sa prise entre mes mains, suivi du singe, qui ne cessait de grommeler et de le menacer en grimaçant jusqu'à ce que j'eusse pris l'œuf. Si c'était Keès qui avait été le plus habile, il cherchait à sauter sur quelque arbre; puis, l'œuf gobé, il en jetait les coquilles à son camarade, comme s'il eût eu intention de le narguer; et je voyais revenir le chien avec un air honteux qui m'avertissait de sa triste aventure. »

PAYS DES PETITS NAMAQUOIS.

Nous ne pouvons raconter le voyage de Levaillant dans tous ses détails. Que le lecteur nous permette donc de le faire assister à deux chasses de grand intérêt, après quoi nous passerons à une autre exploration.

« Une marche de quelques semaines me conduisit dans le pays des Petits Namaquois. Nous ne fûmes pas longtemps sans rencontrer une horde ; c'était la plus considérable que j'eusse encore vue ; elle n'avait pas moins de cinquante à soixante huttes, partagées en trois parties. A notre approche, tous ceux qui l'habitaient se réunirent. Jamais je n'ai vu tant de sauvages rassemblés ; c'était un coup d'œil imposant. D'abord la curiosité fit avancer tout le monde ; je fus entouré. Tous voulaient me voir et m'approcher ; tous parlaient à la fois, et je n'entendais qu'un bourdonnement qui, quoique assourdissant, m'intéressait néanmoins par le ton d'amitié qu'il respirait.

» Bientôt s'éleva une voix de femme qui domina toutes les autres et les fit taire : c'était celle d'une vieille Hottentote nommée Kakoës.

Elle passait dans toute la contrée pour une sorcière. La troupe s'ouvrit pour lui donner passage. Elle s'avança vers moi en poussant des cris affreux. Ses hurlements m'inquiétèrent. Je craignis qu'elle ne voulût annoncer l'horreur que lui inspirait ma présence, et que, ne désignant à la horde comme un homme ennemi et suspect, elle ne l'ameutât contre moi. Qui l'eût cru? c'était pour me témoigner sa joie qu'elle mugissait ainsi. En m'abordant, elle me prit rudement le visage avec les deux mains et m'embrassa de même. A ces démonstrations d'amitié en succédèrent d'autres entremêlées de sauts, de gambades et de folies de toute espèce. Enfin elle s'énonça clairement, et, avec un geste très significatif, elle me demanda de *l'eau de mon pays*. Je lui fis verser dans un grand gobelet une rasade d'eau-de-vie qu'elle avala tout d'une haleine. Alors ses extravagances recommencèrent encore plus vivement qu'auparavant. Elle dansait, chantait, riait, pleurait tout à la fois, et de temps en temps venait me présenter son gobelet à remplir. Il se remplit si souvent que, la parole et le mouvement lui manquant tout-à-coup, il fallut reporter la prêtresse dans son temple.

» Les Petits Namaquois, quoique d'une assez belle stature, sont néanmoins inférieurs pour la taille aux Cafres et aux Gonaquois. J'ai re-

marqué chez eux, en général, beaucoup de goût
pour les ornements ; leurs kross et tous leurs
vêtements étaient entièrement couverts de ver-
roteries et de grains de cuivre ; ils en avaient
jusque dans leurs cheveux, qui étaient graissés
d'une manière dégoûtante. Plusieurs d'entre
eux avaient la tête couverte d'une croûte rou-
geâtre composée de graisse et d'une poussière
couleur de brique, qui leur empâtait tellement
les cheveux, qu'on eût dit qu'ils avaient une
calotte de ciment pour coiffure.

» Un jour, en descendant d'une montagne
dans une fondrière, j'aperçus presque perpen-
diculairement au-dessous de moi un oiseau qui
s'élevait et s'abaissait très rapidement, avec
des mouvements fort extraordinaires. Quoique
je connusse bien le *secrétaire*, je ne soupçon-
nai celui-ci qu'à son manége. Je m'approchai
assez près de lui, et je vis que mon oiseau se
battait avec un serpent. Le combat était très
vif des deux côtés, et la ruse égale de part et
d'autre. Mais le serpent, qui sentait l'infériorité
de ses forces, employait pour fuir et regagner
son trou cette prudence adroite qu'on lui at-
tribue, tandis que l'oiseau, devinant son inten-
tion, l'arrêtait tout-à-coup, et, par un saut, se
jetant au-devant de lui, coupait sa marche. De
quelque côté que le reptile essayât de s'échap-
per, il retrouvait toujours son ennemi. Alors,

unissant à la fois la ruse et le courage, il se dressait fièrement pour l'intimider ; et, avec un sifflement affreux, il lui présentait une gueule menaçante, des yeux enflammés et une tête gonflée de rage et de venin. Quelquefois cette résistance offensive suspendait pour un instant les hostilités ; mais bientôt l'oiseau revenait à la charge, et, se couvrant le corps avec une de ses ailes comme avec un bouclier, de l'autre il frappait son ennemi et l'accablait d'autant plus sûrement, que lui-même il se présentait aux coups. Effectivement, je le vis chanceler et tomber éperdu. Alors le secrétaire se jeta sur lui pour l'achever, et d'un coup de bec il lui ouvrit le crâne. Dans ce moment, n'ayant plus d'observations à faire, je tuai l'oiseau vainqueur.....

» Cependant je n'atteignais point le but réel de mes excursions. J'avais deux fois rencontré des girafes, et deux fois elles avaient employé tant de ruses qu'après avoir été courues toute la journée, elles avaient fini par m'échapper à la faveur de la nuit. Enfin se leva pour moi le jour que je regarde comme un des plus heureux de ma vie. Je m'étais mis en chasse aux premiers rayons du soleil. Après quelques heures de marche, nous aperçûmes, au détour d'une colline, sept girafes qu'à l'instant ma meute attaqua ; six d'entre elles prirent la fuite ensemble; la septième, coupée par mes chiens, s'écarta d'un autre côté. Je la suivis à toute bride; mais, malgré les efforts de mon cheval, elle gagna bientôt tellement sur moi, qu'en tournant un monticule, elle disparut à ma vue, et que je renonçai à la poursuivre. Mes chiens, qui n'avaient point perdu courage, ne tardèrent pas à l'atteindre. Bientôt même ils la joignirent de si près qu'elle fut obligée de s'arrêter pour se défendre. Du lieu où j'étais, je les entendais donner de la voix de toutes leurs forces; mais ces voix me paraissant toujours venir du même endroit, j'en conjecturai que l'animal était quelque part acculé par eux, et aussitôt je piquai vers lui. J'eus à peine tourné la butte que je l'aperçus, entouré des chiens, et tâchant, par de fortes ruades, de les écarter. Il ne m'en coûta que de mettre pied à terre; d'un coup de carabine je le renversai.

» Enchanté de ma victoire, je revins sur mes pas pour appeler mes gens auprès de moi, et leur faire dépouiller et dépecer la bête. Tandis que je les cherchais des yeux, je vis Klaas Baster qui, d'un air très empressé, me faisait des signes auxquels je ne comprenais rien. Mais ayant porté la vue du côté que me désignait sa main, j'aperçus, avec surprise, une girafe arrêtée sous un grand ébénier, et assaillie par mes chiens. Je crus que c'en était une autre, et je courus vers elle. C'était la mienne qui s'était relevée, et qui, au moment où j'allais lui tirer mon second coup, tomba morte.... »

Peu après, Levaillant se dirigea vers une horde de Koraquois. Tous les membres du kraal vinrent à sa rencontre, et comme le chef de la horde était mort depuis peu, et que ces Koraquois étaient en guerre à cause de la nomination d'un nouveau chef, Levaillant s'étant interposé pour rétablir la paix, ce fut sur lui que tomba le choix de ces braves sauvages. Notre Français se garda bien d'accepter, mais il profita de son influence sur ce peuple pour désigner le plus méritant d'entre eux tous. Au lieu de couronne, il le coiffa de sa propre main d'un bonnet de grenadier qu'il avait parmi ses bagages, et cet homme ainsi affublé fut proclamé chef de la horde.

Les Koraquois annoncèrent à Levaillant qu'il y avait beaucoup de rhinocéros dans leur voisinage. Dès lors une chasse fut résolue. Mais pour attaquer des ennemis aussi redoutables, il fallait les approcher sans être vus ni éventés. Quantité de chasseurs koraquois se mirent de la partie, et bientôt, dans la plaine, on découvrit deux des plus beaux rhinocéros.

» L'un d'eux étant beaucoup plus gros que l'autre, je les crus mâle et femelle. Du reste, immobiles l'un à côté de l'autre, ils portaient le nez au vent. C'est la coutume de ces animaux, quand ils sont ainsi arrêtés, de se placer dans la direction du vent, afin d'être averti par l'odorat de l'approche des ennemis qu'ils ont à craindre. Seulement alors ils détournent de temps en temps la tête, pour jeter un coup d'œil en arrière.

» La chasse en Afrique ne ressemble point à celle d'Europe; pour se mettre à la portée de tirer certains animaux farouches, il faut approcher d'eux sans être aperçu, et l'on n'y parvient qu'en se traînant sur le ventre. L'un de mes Hottentots se mit tout nu, et partit, en emportant son fusil et en rampant sur le ventre comme un serpent. Pendant ce temps, j'indiquai à mes chasseurs les différents postes qu'ils devaient occuper. Ils s'y rendirent par des détours; moi, je restai au lieu où je me trouvais, avec deux Hottentots, mais pour n'être point en vue, nous nous cachâmes derrière un buisson. J'avais en main une lorgnette de spectacle : mais ce n'était pas une décoration de théâtre qu'elle m'offrait : en ce moment, elle rapprochait de moi deux monstres épouvantables qui parfois tournaient de mon côté leur tête hideuse. Bientôt leurs mouvements d'observation et de crainte commencèrent à devenir fréquents; et je craignais qu'ils n'eussent entendu l'agitation de mes chiens qui, les ayant aperçus, faisaient tous leurs efforts pour échapper à leur gardien et pour s'élancer contre eux.

» Jouker, mon Hottentot, qui rampait de son côté, avançait, quoique lentement, ayant toujours les yeux fixés sur les deux animaux. Les voyait-il tourner la tête, à l'instant il restait immobile et sans mouvement, on eût dit un éclat de roche, et moi-même je m'y étais rompé. Son traînage, avec toutes ses interruptions, dura plus d'une heure. Enfin, je le vis se diriger vers une grosse touffe d'euphorbe, derrière laquelle il se releva et se prépara à tirer.

» Pendant tout le temps de sa marche rampante, je l'avais suivi de l'œil, et, à mesure qu'il avançait, j'avais senti mon cœur palpiter involontairement. Mais les palpitations redoublèrent quand je le vis si près des animaux et au moment de tirer sur l'un d'eux. Que n'aurai-je pas donné dans cet instant, pour être à la place de Jouker, ou tout au moins à côté de lui, afin d'abattre aussi l'un de ces farouches animaux ; j'attendais le coup de Jouker et je ne concevais pas ce qui l'empêchait de tirer : mais le Hottentot qui était à côté de moi me dit que si Jouker ne tirait pas, c'est qu'il attendait qu'un des rhinocéros se détournât, pour l'ajuster à la tête, s'il était possible, et qu'au premier mouvement qu'ils feraient, j'entendrais le coup.

» En effet, le plus gros des deux ayant regardé de mon côté, il fut tiré aussitôt. Blessé du coup, il poussa un cri effroyable, et, suivi de sa femelle, il courut avec fureur vers le lieu d'où le bruit était parti. Ce fut alors que je sentis mon cœur tressaillir et que mes craintes furent portées à leur comble. Une sueur froide se répandait sur tout mon corps; mon cœur battait si fort que cela m'ôtait la respiration; je m'attendais à voir les deux monstres renverser le buisson, écraser sous leurs pieds le malheureux Jouker et le mettre en pièces; mais il s'était couché le ventre contre terre. La ruse lui réussit parfaitement; ils passèrent près de lui sans l'apercevoir, et vinrent droit à moi.

» Alors, à mon angoisse succéda la joie, et je m'apprêtai à les recevoir. Mais les chiens, animés déjà par le coup de fusil qu'ils avaient entendu, se démenèrent tellement à leur approche que, ne pouvant plus les contenir, je les détachai et les lâchai contre eux. A cette vue, les rhinocéros firent un crochet et allèrent donner dans une des embuscades où ils essuyèrent un nouveau coup de feu de l'un des chasseurs, puis dans une troisième où ils reçurent un troisième coup. Mes chiens, de leur côte, les harcelaient à outrance, ce qui accroissait encore leur rage. Ils détachaient contre eux des ruades terribles; ils labouraient la plaine avec leurs cornes, y creusaient des sillons de sept à huit pouces de profondeur, et lançaient autour d'eux une grêle de pierres et de cailloux.

» Pendant ce temps, nous nous rapprochâmes tous afin de les cerner de plus près et de réunir toutes nos forces. Cette multitude d'ennemis dont ils se voyaient entourés les mit dans une fureur inexprimable. Tout-à-coup le mâle s'arrêta, et, cessant de fuir les chiens, il leur fit face et se tourna contre eux pour les attaquer et les éventrer. Mais tandis qu'il les poursuivait, la femelle se détacha de lui et gagna le large. Je m'applaudis beaucoup de cette fuite, qui nous devenait très favorable. Il est certain que, malgré notre nombre et nos armes, deux adversaires aussi formidables nous eussent fort embarrassés. J'avoue même que, sans mes chiens, nous n'eussions pu combattre qu'avec risques et dangers celui qui restait. Les traces de sang qu'il laissait sur son passage nous annonçaient qu'il avait reçu plus d'une blessure; il n'en mettait que plus de rage à se défendre. Toutefois, après quelque temps d'une attaque forcenée, il battit en retraite et parut vouloir gagner quelque buisson. Je devinai sa ruse, et dans le dessein de la prevenir je me jetai vers les buissons en faisant signe aux deux chasseurs les moins éloignés de moi de s'y porter aussi. Il n'était plus qu'à trente pas de nous, lorsque nous nous emparâmes du poste. Puis, le visant tous trois en même temps, nous lui lâchâmes nos trois coups à la fois. Il tomba pour ne plus se relever...

» Je m'approchai du rhinocéros pour l'examiner et le mesurer ; sa hauteur était de sept pieds cinq pouces, et sa longueur, depuis le museau jusqu'à la naissance de la queue, de onze pieds six pouces. La petite corne était d'un tiers plus courte que l'autre ; celle-ci avait dix-neuf pouces. Mais ce qui me surprit, ce fut de voir que cette arme si redoutable, avec laquelle il sillonnait profondément la terre et lançait au loin des pierres fort grosses, n'était point implantée dans les os de la tête, qu'elle ne tenait qu'à la peau, et qu'en remuant cette peau, je la faisais mouvoir comme elle. La chair de cet animal, moins agréable que celle de l'hippopotame, mais supérieure à celle de l'éléphant, nous fournit à tous une nourriture abondante jusqu'au jour où nous songeâmes à pénétrer plus avant dans le pays. »

Après une excursion chez les Houzoanas et les Boschjesmans, près desquels Levaillant fail · périr par le feu dans un vieux kraal abandonné, notre intrépide voyageur revint au Cap,

où il paya généreusement ses dévoués Hotten-
tots, qui brûlaient d'impatience de rejoindre
leurs familles. Il se sépara non sans peine de
son fidèle Klaas. Puis il s'embarqua pour la
France, possesseur d'une riche collection, et
enfin arriva à Paris dans les premiers jours de
janvier 1785, après une absence de cinq an-
nées.....

MŒURS ET USAGES DES NÈGRES.

LES IOLOFS.

« Les Iolofs habitent le long de l'Océan, en-
tre le fleuve du Sénégal et la Gambie.

» Une des principales qualités qui se font
remarquer chez ces peuples, et qui paraît leur
être commune avec tous les nègres de la côte,
c'est le penchant au vol : mais ils ont une
adresse à voler qui leur est particulière.

» Ce n'est pas sur les mains du voleur qu'il
faut avoir les yeux ouverts, c'est sur ses pieds.
Comme la plupart des nègres marchent pieds
nus, ils acquièrent autant d'adresse dans cette
partie que nous en avons aux mains ; ils ra-
massent une épingle à terre. S'ils voient un

morceau de fer, un couteau, des ciseaux, ou toute autre chose, ils s'en approchent, ils tournent le dos à la proie qu'ils ont en vue ; ils vous regardent en tenant les mains ouvertes. Pendant ce temps ils saisissent l'instrument avec le gros orteil, et, pliant le genou, ils lèvent le pied par derrière jusqu'à leurs pagnes, qui servent à cacher le vol ; la main achève de le mettre en sûreté.

» Ils n'ont pas plus de probité à l'égard de leurs compatriotes de l'intérieur des terres, qu'ils appellent montagnards. Lorsqu'ils les voient arriver pour le commerce, sous prétexte de servir à transporter leurs marchandises ou de leur rendre l'office d'interprètes, ils leur dérobent une partie de ce qu'ils ont apporté.

» Leur avidité barbare va bien plus loin, car il s'en trouve qui vendent leurs enfants, leurs parents et leurs voisins. Pour cette perfidie, on s'adresse à ceux qui ne peuvent se faire entendre des Français. Ils les conduisent au comptoir pour y porter quelque chose, et, feignant que ce sont des esclaves achetés, ils les vendent, sans que ces malheureuses victimes puissent s'en défier, jusqu'au moment qu'on les enferme ou qu'on les charge de chaînes.

» Un vieux nègre, ayant résolu de vendre son fils, le conduisit au comptoir . mais le fils, qui se défia de ce dessein, se hâta de tirer un facteur à l'écart et de vendre lui-même son père. Lorsque ce vieillard se vit environné de marchands prêts à l'enchaîner, il s'écria qu'il était le père de celui qui l'avait vendu. Le fils protesta le contraire, et le marché demeura conclu ; mais celui-ci, retournant en triomphe, rencontra le chef du canton, qui le dépouilla de ses richesses mal acquises, et revint le vendre au marché.

» Quantité de petits nègres des deux sexes sont enlevés tous les jours par leurs voisins, lorsqu'ils s'écartent dans les bois, sur les chemins ou dans les plantations, pour chasser les oiseaux qui viennent manger le millet et les autres grains. Dans les temps de famine, un grand nombre de nègres se vendent eux-mêmes pour s'assurer du moins la vie. »

Hélas ! jusques à quand durera cet odieux trafic ! Combien de temps encore sera étouffée la voix de la religion, seront foulés aux pieds les sentiments les plus sacrés de la nature et de l'humanité ! Mais lisez encore.

ENLÈVEMENT DES ESCLAVES CHEZ LES MANDINGUES

« Les Mandingues occupent les deux bords

de la Gambie. On compte leurs richesses par
le nombre de leurs esclaves. Pour en fournir
aux Européens, leur méthode est d'envoyer une
troupe de gardes autour de quelque village,
avec ordre d'enlever le nombre des habitants
dont ils ont besoin. On lie les mains derrière
le dos à ces misérables victimes pour les con-
duire droit aux vaisseaux, et lorsqu'ils y ont
reçu la marque du bâtiment, ils disparaissent
pour jamais. On transporte ordinairement les
enfants dans des sacs, et l'on met un bâillon
aux hommes et aux femmes, de peur qu'en tra-
versant les villages ils n'y répandent l'alarme
par leurs cris. Ce n'est pas dans les lieux voi-
sins des comptoirs qu'on exerce ces violences,
l'intérêt des princes n'est pas de les ruiner;
mais les villes intérieures du pays sont traitées
sans ménagement. Il arrive quelquefois que
les prisonniers s'échappent des mains de leurs
gardes, et que, ressemblant les habitants par
leurs cris, ils poursuivent ensemble les minis-
tres du roi. S'ils peuvent les arrêter, leur ven-
geance est de les conduire à la ville royale.
Le roi ne manque jamais de désavouer leur
commission; mais, pour ne rien perdre de ses
espérances, et sous prétexte de justice, il vend
sur-le-champ les coupables pour l'esclavage;
et si les habitants arrêtés paraissent devant le
roi pour rendre témoignage contre leurs ra-

visseurs, ils sont aussi vendus, comme si le malheur qu'ils ont souffert devenait un droit sur leur liberté. »

—x—x—x—x—

CHASSE CHEZ LES NÈGRES.

« Les nègres de la Gambie, du Sénégal et du cap Vert sont excellents tireurs, quoique la plupart n'aient pas d'autres armes que leurs dards et leurs flèches, qui leur servent à tuer des cerfs, des lièvres, des pintades, des perdrix et d'autres sortes d'animaux. Ceux qui habitent plus loin dans les terres ont beaucoup moins d'habileté pour cet exercice, et n'y prennent pas tant de plaisir. Un facteur français de l'île Saint-Louis au Sénégal eut un jour la curiosité d'aller avec eux à la chasse de l'éléphant. Ils en trouvèrent un, qui fut percé de plus de deux cents coups de balles ou de flèches. Il ne laissa pas de s'échapper; mais le jour suivant il fut trouvé mort à cent pas du lieu même où il avait été tiré. Les nègres du Sénégal se joignent pour la chasse au nombre de soixante, armés chacun de six petites flèches et d'une grande. Lorsqu'ils ont découvert la trace d'un éléphant, ils s'arrêtent pour l'attendre, et le bruit qu'il fait en brisant les branches ne tarde pas à le trahir. Alors ils se mettent à le suivre, en lui décochant continuellement des flèches, jusqu'à ce que la perte de son sang leur fasse juger qu'il est fort affaibli. Ils s'en aperçoivent aussi à la faiblesse de ses efforts contre les obstacles qu'il trouve à sa fuite. Quelquefois l'animal s'échappe malgré toutes ses blessures, mais c'est ordinairement pour mourir quelques jours après dans le lieu où ses forces l'abandonnent. C'est à cet accident qu'il faut attribuer la rencontre qu'on fait souvent dans les forêts de plusieurs dents d'éléphant. La chair est dévorée par d'autres bêtes, les os tombent en pourriture, et les dents sont les dernières parties qui résistent. Cependant, comme elles ne peuvent être longtemps exposées aux injures de l'air sans s'altérer beaucoup, elles perdent quelque chose de leur prix. »

ARTS ET MÉTIERS CHEZ LES NÈGRES.

« Ils n'ont pas d'autres ouvriers que ceux qui sont absolument nécessaires au soutien de la vié, tels que des forgerons, des tisserands, des potiers de terre. Le métier de forgeron, qu'ils appellent *ferraro*, est le principal, parce qu'il est le plus indispensable. Ils ont chez eux des mines de fer, mais elles sont éloignées des côtes : de sorte que ceux qui habitent près de la mer achètent généralement ce métal des Européens.

» Les forgerons n'ont pas d'ateliers qui méritent le nom de boutiques ni de forges ; ils portent avec eux leurs ustensiles, et se mettent sous le premier arbre pour y travailler. Ils n'ont pas d'autres instruments qu'une petite enclume, une peau de bouc qui leur sert de soufflet, quelques marteaux, une paire de tenailles et deux ou trois limes. Leur indolence paraît jusqu'au milieu du travail, car ils sont assis, ils fument, ils s'entretiennent avec le premier venu. Comme leur enclume n'a que le pied en terre ou dans le sable, sans aucun soutien pour la fixer, quelques coups la renversent, le temps se perd à la redresser. Ordinairement ils sont trois au travail d'une même forge. L'unique occupation de l'un est de souffler continuellement. Leurs soufflets sont composés d'une peau de bouc coupée en deux ou deux peaux jointes ensemble, avec un passage à l'extrémité pour le tuyau. Ils n'emploient le plus souvent que du bois, faute de charbon. Le nègre dont l'emploi

est de souffler se tient assis derrière les souf-
flets, et les presse alternativement des coudes
et des genoux. Les deux autres sont assis de
leur côté avec l'enclume au milieu d'eux, et
frappent aussi négligemment sur le métal que
s'ils appréhendaient de le blesser. Ils ne lais-
sent pas de forger d'assez jolis ouvrages en or
et en argent. Ils font des couteaux, des haches,
des crocs, des pelles, des scies. »

PRATIQUES PIEUSES CHEZ LES NÈGRES.

« On sait que les mahométans d'Asie font le
salam ou la prière cinq fois le jour et la nuit.
Le vendredi, qui est le jour de leur sabbat, ils
la font sept fois ; mais ceux des nègres qui sont
pons mahométans se contentent de prier trois
fois le jour, c'est-à-dire le matin, à midi et le
soir. Chaque village a son marabout ou prêtre,
qui les rassemble pour ce devoir. Le lieu de
leurs assemblées est un champ qui leur sert de
mosquée. Là, après les ablutions ordonnées
par l'Alcoran, ils se rangent en plusieurs lignes
derrière le prêtre, dont ils imitent les mouve-
ments et les gestes. Ils ont le visage tourné
vers l'orient ; mais lorsqu'ils sont fatigués de
leur posture, ils s'accroupissent à la manière

des femmes, en tournant le visage vers l'ouest.

» Le marabout étend les bras, répète plusieurs mots d'une voix si haute que toute l'assemblée peut les répéter après lui ; il se met à genoux, baise la terre, recommence par trois fois cette cérémonie, et tout ce qu'il fait est imité par les assistants. Ensuite il se met à genoux pour la quatrième fois, et fait quelque temps sa prière en silence. Il se relève, et, traçant du doigt, autour de lui, un cercle dans lequel il imprime plusieurs caractères, il les baise respectueusement; après quoi, la tête appuyée sur les deux mains, et les yeux fixés contre terre, il passe quelques moments dans une profonde méditation. Enfin il prend du sable ou de la poussière, se la jette sur la tête et sur le visage, et commence à prier d'une voix haute en touchant la terre du doigt et le levant au front. Pendant toutes ces formalités, il répète plusieurs fois ces mots : *Salam-aleck,* c'est-à-dire : Je vous salue. Il se lève, toute l'assemblée suit son exemple, et chacun se retire. La modestie, le respect et l'attention qu'ils apportent à cet exercice causent une juste admiration à nos voyageurs. La prière dure une grande demi-heure, et se renouvelle trois fois le jour. Il n'y a point d'affaire ni de compagnie qui leur en fasse oublier le temps. S'ils ne peuvent assister à l'assemblée, ils se retirent à l'écart pour observer les mêmes pratiques, et, lorsqu'ils manquent d'eau pour leur ablution, ils emploient de la terre. Bruc, qui fut plusieurs fois témoin de leurs cérémonies, eut la curiosité de demander aux marabouts quel était le sens de leurs postures et de leurs prières. Ils lui répondirent qu'ils adoraient Dieu en se prosternant devant lui; que cette humiliation était un aveu de leur néant aux yeux du premier Etre, et qu'ils le priaient de pardonner leurs fautes et de leur accorder les commodités dont ils avaient besoin, telles qu'une femme, des enfants, une moisson abondante, la victoire sur leurs ennemis, une bonne pêche, la santé, et l'exemption de toutes sortes de dangers.

» Aussitôt qu'ils voient paraître la première lune de l'équinoxe d'automne, ils la saluent en crachant dans leurs mains et en les étendant vers le ciel; ensuite ils les tournent plusieurs fois autour de leur tête, et répètent à deux ou trois reprises la même cérémonie. En général, les mahométans rendent beaucoup de respect à la nouvelle lune, la saluent aussitôt qu'ils la voient paraître, ouvrent leur bourse, et demandent au ciel que leurs richesses puissent augmenter avec les quartiers de la lune.

» Le ramadan ou le carême des mahométans nègres est observé avec beaucoup de rigueur.

Ils ne mangent et ne boivent qu'après le coucher du soleil. Les dévots n'avaleraient pas même leur salive, et se couvrent la bouche d'un morceau d'étoffe, de peur qu'il n'y entre une mouche. Malgré la passion qu'ils ont pour le tabac, ils ne touchent point à leur pipe. Mais lorsque la nuit arrive ils se dédommagent de l'abstinence du jour. Les grands et les riches passent ensuite toute la journée à dormir. »

DÉTAILS SUR LE ROYAUME DE JUIDA ET SES HABITANTS.

« La côte des Esclaves comprend plusieurs petits royaumes qui tous font le commerce des esclaves. Celui de Juida est le centre de ce commerce, et le pays le plus fréquenté et le mieux connu des Européens sous cette latitude.

» Tous les Européens qui ont fait le voyage de Juida conviennent que c'est une des plus délicieuses contrées de l'univers. Les arbres y sont d'une grandeur et d'une beauté admirables, sans être masqués, comme dans les autres parties de la Guinée, par des buissons et de mauvaises plantes. La verdure des campagnes, qui ne sont divisées que par des bosquets ou par des sentiers fort agréables, et la multitude des villages qui se présentent dans un si bel espace, forment la plus charmante perspective qu'on puisse imaginer. Il n'y a ni montagnes ni collines qui arrêtent la vue ; tout le pays s'élève doucement, jusqu'à trente ou quarante milles de la côte, comme un large et magnifique amphithéâtre, d'où les yeux se promènent jusqu'à la mer. Plus on avance, plus on le trouve peuplé. C'est la véritable image des Champs-Elysées ; du moins les voyageurs osent donner ce nom à cette belle contrée, sans réfléchir qu'un pays où l'on trafique sans cesse de la liberté des hommes rappelle plutôt l'idée de l'enfer que celle de l'Elysée.

» A ceux qui viennent de la mer, cette contrée présente un spectacle charmant : c'est un mélange de petits bois et de grands arbres ; ce sont des groupes de bananiers, de figuiers, d'orangers, etc., au travers desquels on découvre les toits d'un nombre infini de villages dont les maisons, couvertes de paille et couronnées de cannes, forment un très beau paysage.

» Les nègres de Juida, bien différents de la plupart des peuples de Guinée, n'abandonnent que les terres absolument stériles ; tout est cultivé, semé, planté, jusqu'aux enclos de leurs villages et de leurs maisons. Leur activité va si loin que le jour de leur moisson ils recommencent à semer, sans laisser à la terre un moment de repos. Aussi leur terroir est-il si fertile qu'il produit deux ou trois fois l'année. Les pois succèdent au riz, le millet après les pois, le maïs après le millet, les patates et les ignames après le maïs. Les bords des fossés, des haies et des enclos sont plantés de melons et de légumes : il ne reste pas un pouce de terre en friche. Leurs grands chemins ne sont que des sentiers. La méthode commune pour cultiver la terre est de l'ouvrir en sillons : la rosée qui se rassemble au fond de ces ouvertures, et l'ardeur du soleil qui en échauffe les côtés, hâtent beaucoup plus les progrès de leurs plantes et de leurs semences que dans un terroir plat.

» Tout le pays est rempli de villages et si peuplé qu'il ne paraît composer qu'une seule ville divisée en autant de quartiers, et partagée seulement par des terres cultivées qu'on prendrait pour des jardins.

» Les principales marchandises du royaume de Juida sont les étoffes, de la fabrique des femmes, les nattes, les paniers, les cruches pour le peytou, les calebasses de toutes sortes de grandeurs, les plats et les tasses de bois, les pagnes rouges et bleues, la malaguette, le sel, l'huile de palmier, le kanky, et d'autres denrées. »

MARION-DUFRESNE.

EXPLORATION DANS LES MERS DU SUD.

(1771—1772.)

Le capitaine Marion-Dufresne recevait, en 1771, du gouvernement français la mission d'explorer la mer australe, et, chemin faisant, de reconduire à Taïti, sa patrie, un jeune Indien, Aotourou, que Bougainville avait amené en France.

Le chef de cette nouvelle expédition, avec deux vaisseaux sous ses ordres, le *Mascarin* et le *Castries*, fit voile pour le cap de Bonne-Espérance, d'où il fit voile pour le sud, et alla d'abord mouiller à l'île Bourbon, où il eut la douleur de voir mourir de la petite vérole l'intéressant Aotourou, si désireux de revoir sa

chère Taïti, vers laquelle on allait faire voile
en reprenant la mer.

Le 4 mars 1772, ayant besoin de faire des
provisions d'eau douce et de bois, les deux na-
vires mouillèrent dans la baie de Frédéric Hen-
drick, sur la terre de Van-Diémen ou Tas-
manie.

Les feux et les fumées que l'on apercevait
sur le rivage dénotaient que le pays était très
peuplé, et lorsque le *Mascarin* et le *Castries*
jetèrent l'ancre, trente sauvages environ, ac-
croupis sur la plage, semblaient porter une
très vive attention à la manœuvre.

Le lendemain, les mêmes sauvages vinrent
sans défiance au-devant des canots français.
Ils présentèrent aux matelots, une fois à terre,
un tison enflammé, comme pour les inviter à
mettre le feu à une pile de morceaux de bois
qu'ils avaient préparée. Ignorant le but de
cette cérémonie, les Français se rendirent à
l'invitation qui leur était faite : ils allumèrent
le bûcher sans qu'il en résultât aucun change-
ment dans l'attitude des naturels. Ils continuè-
rent à se tenir près des Français, comme au-
paravant, avec leurs femmes et leurs enfants.

Ces insulaires avaient la peau noire. Ils
étaient à peu près nus et de taille moyenne.
Leur physionomie n'avait aucune intelligence ;
elle respirait quelque peu la brutalité. Leurs

yeux, très petits, leur bouche fort grande par compensation, et leurs dents blanches qui sortaient de gencives extrêmement rouges ; enfin leur nez effroyablement plat, rien chez eux n'inspirait beaucoup de confiance. Ils avaient bien les cheveux d'un noir de jais, séparés par mèches, mais ils les portaient poudrés d'une telle quantité d'ocre, qu'ils semblaient d'un rouge ardent. Leur poitrine était couverte de tatouages en relief, faits à l'aide de cicatrices résultant de blessures dessinées en arabesques bizarres.

L'équipage français crut se rendre les insulaires favorables en leur offrant de petits miroirs, des sonnettes que les sauvages préfèrent à toutes choses, des ciseaux et des rassades : mais ceux-ci repoussaient ces cadeaux qui leur étaient présentés de la meilleure grâce possible. Alors on leur fit voir des oies, des poules et des canards, et on leur exprima, à l'aide d'une heureuse pantomime, d'obtenir d'eux de pareils animaux s'ils en possédaient. Un silence absolu fut leur seule réponse. Bien plus, s'emparant des malheureux volatiles, ils les jetèrent au loin avec des signes non équivoques de colère.

Il y avait une heure peut-être que les matelots étaient en rapport avec les Indiens, quand un canot déposa sur la plage le capitaine Marior Aussitôt l'un des naturels alla à la rencontre du capitaine, et lui mettant à la main un tison enflammé, comme on avait fai' aux matelots, lui fit voir le bûcher préparé sur le rivage. Persuadé qu'en cédant aux désirs de ces insulaires il remplirait un devoir de conciliation et rassurerait les sauvages, Marion-Dufresne s'empressa de mettre le feu à la pile de bois. Mais la flamme brillait à peine que les sauvages s'enfuirent par bandes, et gravissant une éminence qui dominait la mer, ils s'y massèrent en grand nombre et se mirent aussitôt à lancer des volées de pierres, dont plusieurs matelots furent atteints, et qui blessèrent les capitaines des deux navires. Une décharge de mousqueterie répondit à cette attaque imprévue. En même temps l'équipage alla se poster en un lieu de la baie tout-à-fait à découvert, où les projectiles des sauvages n'étaient plus à craindre et d'où il était facile d'observer tous leurs mouvements.

Cependant les naturels avaient fait partir leurs femmes et leurs enfants pour les bois qui couvraient les montagnes de leurs arbres séculaires. Alors ils s'avancèrent hardiment vers les Français en décochant tous ensemble les flèches dont, cette fois, ils s'étaient armés. Le premier blessé était un vieux nègre au service du capitaine Marion. L'équipage riposta par une décharge qui tua un sauvage, en blessa plusieurs et força les autres à s'enfuir vers les bois en hurlant. Tout en se sauvant, ils aidaient leurs camarades blessés à courir avec eux. Mais un détachement de quinze hommes, qu'on chargea de les poursuivre, fit un prisonnier qu'il ramena en hâte. Malheureusement cet homme avait reçu une blessure profonde dont il mourut quelques heures après. Ce naturel avait cinq pieds trois pouces. On aurait pu le croire parfaitement noir ; mais, comme on lava le cadavre avant de l'inhumer, on reconnut, non sans étonnement, qu'il avait la peau rougeâtre, et que c'était uniquement à la crasse et à la fumée qu'il devait cette couleur trompeuse.

Une fois en possession du rivage et de la côte, le capitaine envoya à la découverte d'une aiguade. Il fit explorer aussi les bois pour trouver des arbres convenables à remplacer sa mâture, qu'un orage avait endommagée : mais on ne trouva pas d'eau, on ne trouva pas d'arbres. Il fallut quitter ces parages inhospitaliers sans avoir eu satisfaction sur aucun point.

Le 24 mars, les côtes d'une terre nouvelle se présentèrent aux navigateurs du *Mascarin* et du *Castries*. Cette terre paraissait grande à mesure qu'on la voyait plus distinctement. Elle avait quatre ou cinq lignes de collines s'élevant les unes au-dessus des autres, et, par-dessus, une haute chaîne de montagnes. Le capitaine Marion la reconnut bientôt pour la Nouvelle-Zélande.

Le 4 mai, l'expédition mouillait dans la baie des Iles, près du cap Brett de Cook, sur la côte occidentale de l'île septentrionale, appelée Ikana-Marvi.

Aussitôt trois pirogues pagayèrent vers les navires. Elles portaient des hommes nus et très noirs, dont les dents très régulières étaient aussi blanches que l'ivoire. Ils étaient d'une belle stature, vigoureux, et pagayaient avec une mesure et une vitesse extraordinaire. On les accueillit parfaitement bien et on leur offrit des vêtements et des outils comme cadeaux. Enhardis par cette réception faite à leurs frères, d'autres Zélandais arrivèrent et montèrent aussi à bord. Cinq ou six demandèrent même à y passer la nuit.

Parmi eux se trouvait un chef, du nom de Takouri, qui doit jouer un grand rôle dans la tragique histoire de Marion-Dufresne.

Tous ces hommes affectaient un air doux et décent, et montraient de l'intelligence et de la pénétration. Comme ils revinrent bientôt très souvent, ils se rendirent familiers avec l'équipage et surent tous les noms des officiers. Ils vinrent chaque jour en si grand nombre qu'on fut obligé d'établir une police sévère, en ne laissant pénétrer dans les chambres que les femmes et les enfants.

Les chefs se distinguaient des autres par des touffes de plumes blanches qu'ils plantaient sur leurs cheveux, réunis en chignon au sommet de la tête.

On reconnaissait les femmes mariées à une tresse de jonc qui rattachait leur chevelure sur le sinciput; tandis que, chez les jeunes filles, les cheveux flottaient.

Les naturels invitaient sans cesse les Français à venir les visiter à terre dans leurs demeures, et nombre d'hommes de l'équipage se rendirent à cette invitation. En effet, sur les bords de la baie on comptait une vingtaine de villages épars sur la côte, et plusieurs pouvaient contenir jusqu'à quatre cents habitants. Les moindres n'en renfermaient que deux cents. Aussitôt que les officiers débarquaient devant un village, les insulaires accouraient au-devant d'eux et les pressaient avec instance d'entrer dans leurs cases. Les matelots, de leur côté, parcouraient tous les jours ces mêmes villages, faisaient même des courses dans les terres pour aller à la chasse des canards, emmenant avec eux des sauvages qui les portaient dans les marais et au passage des rivières avec la même facilité qu'un homme porterait un enfant. Il leur arrivait quelquefois de s'écarter fort loin, de parvenir chez des sauvages d'un autre canton, et d'y trouver des villages beaucoup plus considérables que ceux qui étaient dans le voisinage du port. Ils y rencontrèrent même des hommes plus blancs qui les ont bien reçus. Alors ils revenaient pendant la nuit, au travers des forêts, accompagnés d'autres sauvages qui les portaient lorsqu'ils étaient fatigués. Rien n'était plus cordial que cette amitié unissant les sauvages aux Français.

Cependant le capitaine Marion avait fait de son côté différentes excursions le long des côtes, et même dans l'intérieur du pays, pour chercher des arbres propres à faire des mâts pour le *Castries*. Des sauvages l'accompagnaient également partout. Le 23 mai, le capitaine trouva enfin une forêt de cèdres magnifiques à deux lieues dans les terres, mais à portée d'une baie éloignée d'une lieue et demie des navires. Un établissement fut aussitôt formé en cet endroit. On y laissa des ouvriers pour abattre les arbres, les tailler et les traîner jusqu'à la mer, d'où on devait les transporter à bord des vaisseaux. Chaque jour la chaloupe allait y porter les vivres nécessaires aux ouvriers.

En outre, et dès l'arrivée, Marion-Dufresne avait fait dresser des tentes sur une île voisine nommée Motou-Roua, et on y avait transporté les malades pour les y soigner en bon air et avec d'excellentes plantes. Un corps-de-garde les y protégeait contre toute attaque de la part des naturels. C'était là que se trouvait aussi l'aiguade, la coupe de bois de chauffage et la forge pour les réparations des embarcations.

Enfin il y avait un troisième poste au bord de la mer, pour servir d'entrepôt. Les naturels, qui fréquentaient ces postes, y apportaient du poisson, des cailles, des pigeons ramiers, des canards sauvages, etc.; et ils y mangeaient avec les matelots, aussi bien qu'ils les aidaient dans leur besogne. Bref, la bonne harmonie semblait si parfaite, que le capitaine donna l'ordre de ne plus armer les embarcations qui allaient à l'eau.

« Je fis tout ce qui dépendait de *moi*, dit M. Rochon, dans sa relation, pour faire rétracter cet ordre du chef de l'expédition; car, malgré les caresses des sauvages, je n'oubliais pas que notre devancier, Abel Tasman, avait nommé *Baie des Meurtriers* celle où il avait atterri dans la Nouvelle-Zélande. Nous ignorions encore que M. Cook l'eût visitée et reconnue ensuite; qu'il y avait trouvé des anthropophages, et qu'il avait failli être massacré

dans la baie des Iles même, où nous nous trou-
vions. »

Marion-Dufresne, parvenu à la plus grande
sécurité, faisait son bonheur de vivre au mi-
lieu de ces sauvages. Quand il était dans le
vaisseau, la chambre du conseil en était tou-
jours pleine. Il les caressait et s'amusait à
converser avec eux à l'aide du vocabulaire de
Taïti. En outre, il les comblait de présents.
De leur côt', les naturels, qui reconnaissaient
parfaitement Marion pour le chef des deux
vaisseaux, étaient pleins d'attentions pour lui.
Ils savaient qu'il aimait le turbot, et tous les
jours ils lui en apportaient de magnifiques.
Dès qu'il témoignait le désir de quelque chose,
il les trouvait toujours à ses ordres. Quand il
descendait à terre, les sauvages le portaient
en triomphe, en poussant des cris de joie; tous
l'accompagnaient avec un air de fête et des
démonstrations d'amitié; les enfants même ve-
naient lui faire des caresses ; tous l'appelaient
par son nom.

L'un de ceux qui montraient le plus d'égard
pour lui était Takouri, chef du plus grand vil-
lage. Il lui avait amené sur le vaisseau son
fils, âgé de quatorze ans, qu'il paraissait aimer
beaucoup, et l'avait laissé passer la nuit à bord.

« Nous étions si familiers avec ces sauvages,
dit M. Rochon, que presque tous les officiers

avaient parmi eux des amis particuliers qui les servaient et les accompagnaient partout. Si nous étions partis dans ce temps-là, nous eussions emporté en Europe l'idée la plus avantageuse de ces insulaires. Nous les eussions peints dans nos relations comme le peuple le plus affable, le plus humain, le plus hospitalier qui existât sur la terre. Que nous eussions été dans l'erreur ! »

Le 8 juin, le capitaine Marion, descendu à terre, fut accueilli avec des témoignages d'amitié plus vifs que de coutume. Rassemblés en conseil général, les chefs le proclamèrent le grand chef du pays, et, en signe d'autorité suprême, lui placèrent sur la tête quatre magnifiques plumes blanches.

Toutefois, le lieutenant Crozet, lui aussi, avait de vagues et funestes pressentiments. « Dans le même temps, dit-il, le jeune sauvage que j'avais pris en affection, et qui me témoignait beaucoup d'attachement, vint me trouver. C'était un jeune homme beau, bien fait, d'une physionomie douce et toujours riante. Il avait ce jour-là un air de tristesse que je ne lui avais jamais vu. Il m'apportait en présent des armes, des outils et des ornements d'un très beau jade que je lui avais témoigné désirer. Je voulus les lui payer par des outils de fer et des mouchoirs rouges; il les

refusa. Il ne voulut pas néanmoins reprendre les jades. Je lui offrit à manger; mais il refusa encore et me quitta avec une expression de tristesse indéfinissable.....Je ne l'ai plus revu!..,
Quelques autres sauvages, amis des autres offi-ciers, disparurent aussi. Malheureusement nous ne fîmes pas assez attention à cette singularité. »

Marion avait fait des courses très éloignées dans son canot, et avait visité différentes baies habitées par d'autres sauvages, qui tous l'a-vaient bien accueilli. « Enfin, le 12 juin, con-tinue M. Crozet, à deux heures après midi, le capitaine descendit à terre dans son canot, armé de douze hommes, emmenant avec lui deux jeunes officiers, MM. de Vaudricourt et Le Houx, un volontaire et le capitaine d'armes du vaisseau. Takouri, un autre chef et cinq ou six sauvages qui étaient sur le *Castries*, l'ac-compagnaient. Le projet de M. Marion était d'aller manger des huîtres et de donner un coup de filet au pied du village de Takouri.

» Le soir, M. Marion ne revint pas, comme à son ordinaire, coucher à bord du vaisseau. On ne vit revenir personne du canot; mais on n'en fut pas inquiet, car la confiance dans l'hos-pitalité des sauvages était si bien établie par-mi nous, qu'on ne se défiait plus d'eux. On crut seulement que M. Marion et sa suite avaient couché à terre dans une de nos cabanes, pour être plus à portée, le lendemain, de voir les travaux de l'atelier occupé à la mâture du *Castries*, qui était fort avancée, et une partie des matériaux se trouvait déjà transportée près du rivage, grâce au concours des insulaires.

» Le lendemain, 13 juin, à cinq heures du matin, le vaisseau le *Castries* envoya sa chaloupe faire de l'eau et du bois pour sa consommation journalière, suivant l'usage établi entre les deux bâtiments, qui envoyaient ainsi alternativement tous les jours pour les provisions communes.

» A neuf heures, voici qu'on aperçut à la mer un homme qui nageait vers les vaisseaux... On lui envoya aussitôt un bateau pour le secourir et l'amener à bord. Cet homme était un des matelots partis le matin avec la chaloupe pour faire de l'eau et du bois.... Il se sauvait, seul, du massacre de tous ses camarades, assommés par les sauvages.... Il avait deux coups de lance dans le côté, et se trouvait fort maltraité....

» Il raconta que, lorsque la chaloupe avait abordé la terre, le matin, vers sept heures, les sauvages s'étaient présentés sur la grève sans armes, avec leurs démonstrations habituelles d'amitié; qu'ils avaient, suivant leur coutume, porté sur leurs épaules, de la chaloupe au rivage, les matelots qui craignaient de se mouiller ; qu'ils s'étaient montrés enfin, comme à l'ordinaire, bons camarades ; mais que, les matelots s'étant séparés les uns des autres pour ramasser chacun leur paquet de bois, alors les sauvages, armés de casse-tête, de lances et de massues, s'étaient jetés avec fureur par troupes de huit ou dix sur chaque matelot, et les avaient massacrés ; que lui, n'ayant affaire qu'à deux ou trois sauvages, s'était d'abord défendu, et avait reçu deux coups de lance ; mais que, voyant venir à lui d'autres sauvages et se trouvant plus près du bord de la mer, il s'était enfin caché dans les broussailles ; et que là, il avait vu tuer ses camarades ; que les sauvages, après les avoir tués, les avaient dépouillés, leur avaient ouvert le ventre, et commençaient à les hacher en morceaux, lorsqu'il avait pris le parti de tenter de gagner un des vaisseaux à la nage.

» Après un rapport aussi affreux, on ne douta plus que les seize hommes du canot de M. Marion, et M. Marion lui-même, dont on n'avait aucune nouvelle, n'eussent éprouvé, la veille, la même fin que les hommes de la chaloupe. Les officiers qui restaient à bord des deux vaisseaux s'assemblèrent pour aviser aux moyens de sauver les trois postes que nous avions à terre. On expédia aussitôt la chaloupe du *Mascarin*, bien armée, avec un officier de

marine et un détachement de soldats, comman-
dés par un sergent. L'officier avait ordre d'exa-
miner le long de la côte s'il ne découvrirait pas
le canot de M. Marion et sa chaloupe. Mais il
lui était surtout recommandé d'avertir tous les
postes et d'aller au débarquement le plus voi-
sin de l'atelier des mâts pour porter prompte-
ment des secours à ce poste, le premier et le
plus important, avec l'avis de ce qui venait de
se passer.

» L'officier découvrit en effet, en passant,
la chaloupe du *Castries* et le canot de M. Ma-
rion échoués ensemble devant le village de
Takouri, et entourés de sauvages armés de
haches, sabres et fusils, qu'ils avaient pris dans
les deux bateaux, après avoir égorgé nos gens.

» Pour ne rien compromettre, l'officier ne
s'arrêta pas en cet endroit, où il aurait pu fa-
cilement dissiper les sauvages et reprendre les
embarcations. Il craignait de ne pas arriver à
temps au poste de la mâture. Il se conforma
donc à l'ordre qu'il avait reçu d'y porter prompt-
tement secours, avec l'avis des événements
tragiques de la veille et du matin.

» Je me trouvais heureusement au poste;
j'y avais passé la nuit, et, sans rien savoir du
massacre de M. Marion, j'y avais fait bonne
garde. J'étais sur une petite montagne, occupé
à diriger le transport de nos mâts, lorsque,

vers deux heures après midi, je vis paraître un détachement marchant en bon ordre avec des fusils armés de baïonnettes, que je reconnus de loin, à leur éclat, pour n'être pas les armes ordinaires du vaisseau. Je compris aussitôt que ce détachement venait m'annoncer quelque funeste événement. Pour ne point effrayer nos gens, dès que le sergent qui marchait à la tête fut à la portée de ma voix, je lui criai d'arrêter, et je m'approchai pour apprendre seul ce dont il pouvait être question. Lorsque j'eus entendu ce rapport, je défendis au détachement de partir, et je me rendis avec lui au poste. Je fis aussitôt cesser les travaux, rassembler les outils et les armes; je fis charger les fusils et partager entre les matelots tout ce qu'ils pouvaient emporter. Je fis faire un trou dans une de nos baraques pour enterrer le reste; je fis ensuite abattre la baraque, et je donnai ordre d'y mettre le feu, pour cacher sous les cendres le peu d'outils et d'ustensiles que j'avais fait enterrer, faute de pouvoir les emporter.

» Nos gens ne savaient rien des malheurs arrivés à M. Marion et à leurs camarades. J'avais besoin, pour nous tirer d'embarras, qu'ils conservassent toute leur tête. J'étais entouré de sauvages, dont je voyais des bandes occuper toutes les hauteurs. Aussi, je partageai mon détachement, que je renforçai de matelots armés de fusils, partie à la tête, précédés du sergent, et partie à la queue : les matelots chargés d'outils et d'effets étaient au centre; je faisais l'arrière-garde. Nous partîmes ainsi, au nombre d'environ soixante hommes; nous passâmes à travers plusieurs hordes de sauvages, dont les différents chefs me répétaient souvent ces tristes paroles : *Takouri mate Marion !* Takouri a tué Marion ! L'intention de ces chefs était de nous effrayer, parce que, chez eux, lorsque le chef est tué dans une affaire, tout est perdu pour ceux qui le suivent.

» Nous fîmes ainsi près de deux lieues jusqu'au bord de la mer, où les chaloupes nous attendaient, sans être inquiétés par les sauvages, qui se contentaient de nous suivre sur les côtes et de nous répéter souvent que Marion était tué et mangé. J'avais dans le détachement de bons tireurs qui, entendant dire que M. Marion était tué, brûlaient d'envie de venger sa mort et me demandaient souvent la permission de casser la tête à ces chefs qui semblaient nous menacer. Mais il n'était pas temps de s'occuper de la vengeance. Dans l'état où nous étions, la perte d'un seul homme était irréparable, et, si nous en avions perdu plusieurs, les deux vaisseaux ne fussent jamais sortis de la Nouvelle-Zélande. Nous avions d'ailleurs un troisieme poste, celui de nos malades, qu'il fallait mettre en sûreté. J'arrêtai donc l'ardeur de nos gens et je leur défendis de tirer, leur promettant de donner carrière à leur vengeance dans une occasion plus favorable.

» Lorsque nous fûmes arrivés à notre chaloupe, les sauvages semblaient nous serrer de plus près. Je donnai l'orde aux matelots chargés de s'embarquer des premiers ; puis, m'adressant à un chef de sauvages, je plantai un piquet en terre à dix pas de lui, et je lui fis entendre que, si un seul des siens passait la ligne de ce piquet, je le tuerais avec ma carabine, dont je fis la démonstration de vouloir me servir. Le chef répéta docilement mon commandement aux siens, et aussitôt les sauvages, au nombre de mille, s'assirent tous sur le rivage.

» Je fis successivement embarquer tout le monde, ce qui fut assez long, parce qu'il y avait beaucoup de bagages à mettre dans la chaloupe ; que ce bateau chargé, tirant beaucoup d'eau, ne pouvait accoster la terre, et qu'il fallait entrer dans la mer pour s'embarquer. Je m'embarquai enfin le dernier, et, aussitôt que je fus entré dans l'eau, les sauvages se levèrent tous ensemble, forcèrent la consigne, poussèrent le cri de guerre, nous lancèrent des javelots de bois et des pierres qui ne firent de mal à personne. Ils brûlèrent les cabanes de notre entrepôt sur le rivage, et nous

menacèrent avec leurs armes, qu'ils frappaien'
les unes contre les autres, en poussant des cris
affreux.

» Aussitôt que je fus embarqué, je fis lever
le grappin de la chaloupe ; je fis ensuite rangei
nos gens de manière à ne pas embarrasser les
rameurs. La chaloupe était si chargée et si
pleine, que je fus obligé de me tenir debout, à
la poupe, la barre du gouvernail entre les
jambes. Mon intention était de ne pas faire
tirer un coup de fusil, mais de regagner promp-
tement le vaisseau, pour envoyer ensuite la
chaloupe sur l'île Matou-Roua, relever le poste
de nos malades, notre forge et notre tonnel-
lerie.

» A mesure que nous commençâmes à nous
éloigner du rivage, les cris des naturels aug-
mentaient, de sorte que notre retraite avait
l'air d'une fuite. Les sauvages entraient dans
l'eau comme pour venir attaquer la chaloupe.
Je jugeai alors, avec le plus grand regret, qu'il
était important et nécessaire à notre propre
sûreté de faire connaître à ces barbares la su-
périorité de nos armes. Je fis lever les rames;
je commandai à quatre fusiliers de tirer sur les
chefs qui paraissaient les plus agités et ani-
maient les autres, et alors chaque coup fit
tomber un de ces malheureux. La fusillade
continua ainsi pendant quelques minutes. Les

sauvages voyaient tomber leurs chefs et leurs camarades avec une stupidité incroyable. Ils ne comprenaient pas comment ils pouvaient être tués par des armes qui ne les touchaient pas, comme leurs casse-têtes et leurs massues. A chaque coup de fusil, ils redoublaient leurs menaces et leurs clameurs, ils s'agitaient horriblement sans changer de place ; ils restaient sur la plage comme un troupeau de bêtes. Nous les eussions détruits jusqu'au dernier si j'avais voulu faire continuer la fusillade. Après en avoir tué beaucoup trop malgré moi, je fis ramer vers le vaisseau, et les sauvages cessèrent de crier..... »

Dès qu'on fut arrivé à bord du *Mascarin*, on expédia la chaloupe afin d'aller relever les malades sur l'île Matou-Roua. Les malades furent heureusement ramenés sur les vaisseaux. Les sauvages rôdèrent toute la nuit aux environs du poste, mais voyant qu'on faisait bonne garde, ils n'osèrent rien entreprendre.

« Nous n'avions pas encore notre provision d'eau et de bois, continue M. Crozet ; j'envoyai à l'île Matou-Roua en chercher.

» Il y avait sur cette île un village d'environ trois cents insulaires. Je donnai ordre à l'officier d'attaquer les habitants s'ils paraissaient disposés à commettre des hostilités, de brûler le village et de chasser les sauvages de l'île.

afin d'assurer l'aiguade. Mes ordres furent ponctuellement exécutés.

» Parmi les sauvages, on remarquait Malou, chef de l'île, et cinq ou six autres chefs qui s'agitaient avec violence, haranguaient leurs guerriers et les excitaient à marcher sur l'ennemi, mais les guerriers n'osaient le faire. Parvenus à une portée de pistolet du village, les Français firent halte et commencèrent leur fusillade par abattre les six chefs, ce qui mit en fuite les autres guerriers. Le détachement les poursuivit sans pitié, en tua une cinquantaine, en culbuta plusieurs dans la mer, et mit le feu au village. Cette opération fit que les Français restèrent maîtres de l'île entière ; ils en furent quittes pour un homme blessé à l'œil d'un coup de lance. J'avais recommandé à nos officiers de faire tous leurs efforts pour amener quelque Indien en vie ; j'avais même promis aux soldats et aux matelots cinquante piastres dans le même but ; mais les insulaires avaient eu soin de mettre en sûreté avant le combat leurs femmes et leurs enfants. Nos soldats tentèrent bien d'arrêter et de lier des blessés qui ne pouvaient fuir ; mais ces cannibales étaient enragés. Ils mordaient comme des bêtes féroces. D'autres rompaient comme des fils les cordes avec lesquelles on les liait. Il n'y eut pas moyen d'en avoir un seul. »

M. Crozet fit enterrer les morts sur l'île, avec la recommandation de faire sortir de terre une main de chaque cadavre, afin de montrer aux Nouveaux-Zélandais que les Français n'étaient pas anthropophages comme eux.

Les travaux nécessaires pour fabriquer les mâts des *Castries* et compléter les approvisionnements d'eau et de bois retinrent encore les navires pendant un mois. Pendant ce temps, les sauvages tentèrent à diverses reprises de surprendre les travailleurs, mais leurs manœuvres furent toujours déjouées, et ils perdirent encore plusieurs hommes en différentes occasions.

Depuis le jour où Marion avait disparu des vaisseaux, on voyait les mouvements perpétuels des sauvages qui s'étaient retirés sur les montagnes. Ils avaient toujours les yeux dirigés sur les navires, d'où l'on entendait la voix de leurs sentinelles qui se répondaient les unes aux autres. avec des cris d'une force surprenante. La nuit, ils faisaient des signaux par le moyen du feu.

Avant de quitter cette terre funeste, le capitaine du Clesmeur, qui succéda à l'infortuné Marion-Dufresne, voulut faire un dernier effort pour se procurer quelques renseignem 's sur le sort du capitaine et de sa suite. Une chaloupe bien armée de pierriers et d'espingoles

fut envoyée avec un détachement vers le villa-
ge de Takouri.

L'officier commandant aborda au lieu même
où l'on avait vu la chaloupe et le canot échoués;
mais ils n'y étaient plus, les naturels les avaient
brûlés pour en tirer le fer.

Le détachement monta vers le village. A son
approche, les habitants s'enfuirent, et l'on re-
marqua, de loin et hors de la portée du fusil,
Takouri, qui se sauvait comme les autres, por-
tant sur ses épaules le manteau de Marion, qui
était de deux couleurs, écarlate et bleu. A
peine restait-il dans le hameau quelques vieil-
lards assis sur le seuil de leurs cases. On vou-
lut les faire captifs; un d'eux, sans paraître
beaucoup s'émouvoir, frappa un soldat d'un
javelot qu'il tenait à côté de lui. On le tua, et
on ne fit aucun mal aux autres, qu'on laissa dans
le village. On fouilla soigneusement toutes les
maisons.

On trouva dans la case de Takouri le crâne
d'un homme mort depuis quelques jours, et au-
quel adhéraient encore quelques parties char-
nues à demi rongées. On trouva aussi un mor-
ceau de cuisse humaine fichée dans une broche
en bois et aux trois quarts dévorée.

On recueillit, dans les autres maisons, une
chemise ensanglantée qui avait appartenu à Ma-
rion; les vêtements et les pistolets du jeune de

Vaudricourt, diverses armes du canot, et plusieurs lambeaux des hardes des matelots.

Justement irrités à la vue de ces preuves du meurtre de leurs compagnons, les Français mirent le feu aux cases, et le village entier fut réduit en cendres.

En même temps, on s'aperçut que les insulaires abandonnaient un autre village très fortifié, que commandait un chef du nom de Piki-Oré. Comme on avait de fortes raisons de le croire complice de Takouri, on se porta sur ce hameau, qui était désert.

En visitant les huttes des sauvages, on découvrit aussi plusieurs objets provenant des canots, et des lambeaux de vêtements des victimes du massacre. Dans l'habitation de Piki-Oré, notamment, on trouva des entrailles humaines nettoyées et cuites. Ce village fut aussi réduit en cendres. On saisit deux grandes pirogues qui furent lancées à l'eau et conduites au navires. Les plus grandes planches furent utilisées ; le reste devant la proie des flammes.

Après ces terribles représailles, le *Mascarin* et le *Castries* s'éloignèrent de la Baie des Iles, le 14 juillet 1772, laissant dans la mémoire des sauvages des souvenirs ineffaçables du passage des Français.

Toutefois, les Nouveaux-Zélandais, de nos jours encore, reconnaissent que c'est au capitaine Marion-Dufresne qu'ils doivent le plus grand nombre de plantes potagères qui abondent aujourd'hui dans les environs de la Baie des Iles.

Maintenant, une simple réflexion :

Il faut attribuer le meurtre du capitaine Marion-Dufresne aux idées des sauvages touchant la nécessité de venger les injures.

Dumont-d'Urville, qui s'enquit plus tard de cet événement et de ses causes, nous raconte :

« Les dépositions unanimes des chefs de la tribu de Paroa, parmi lesquels était un petit-fils de Malou, qui périt sur l'île de Matou-Roua, tendent à établir que Takouri et ses guerriers appartenaient à la tribu de Wangaroa.

» Or le chef Naqui-Noui, qui était de cette tribu et devait être proche parent de Takouri, deux ans avant l'arrivée du capitaine Marion, avait été injustement enlevé à ses frères et à sa patrie par le capitaine français Surville.

» Dans cette circonstance, et suivant les préjugés despotiques de l'île à l'endroit de la vengeance, l'honneur imposait à Takouri l'obligation de se venger sur un Français de l'insulte d'un Français, et d'obtenir une sanglante satisfaction de l'outrage reçu par sa tribu..... S'il attendit aussi longtemps, ce fut assurément pour se procurer une occasion favorable..... »

Ainsi donc le malheureux Marion-Dufresne paya de son sang l'injure du brutal Surville!....

FIN.

TABLE.

FIN DE LA TABLE.

Limoges. — Imp. Eugène Ardant et Cie.